定义的逻辑

[英]威廉·莱斯利·戴维森—著

黄 海 谢昊岩—译

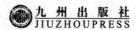
九州出版社
JIUZHOUPRESS

图书在版编目（CIP）数据

定义的逻辑 /（英）威廉·莱斯利·戴维森著；黄
海 , 谢昊岩译 . -- 北京 : 九州出版社 , 2021.9

ISBN 978-7-5225-0526-8

Ⅰ.①定… Ⅱ.①威… ②黄… ③谢… Ⅲ.①定义—
研究 Ⅳ.① B812.21

中国版本图书馆 CIP 数据核字（2021）第 191695 号

定义的逻辑

作　　者	[英]威廉·莱斯利·戴维森 著　黄　海　谢昊岩 译	
责任编辑	李创娇	
出版发行	九州出版社	
地　　址	北京市西城区阜外大街甲 35 号（100037）	
发行电话	（010）68992190/3/5/6	
网　　址	www.jiuzhoupress.com	
印　　刷	唐山才智印刷有限公司	
开　　本	710 毫米 ×1000 毫米　　16 开	
印　　张	12	
字　　数	166 千字	
版　　次	2022 年 2 月第 1 版	
印　　次	2022 年 2 月第 1 次印刷	
书　　号	ISBN 978-7-5225-0526-8	
定　　价	89.00 元	

译者序

对于哲学而言，20世纪是语言哲学的时代。

在这个时代中，罗素创立了分析哲学。1918年，罗素在伦敦做了八次演讲，阐述他的分析哲学，也就是逻辑原子主义哲学。他提出世界的结构反映在语言的结构中，语言与外部世界之间是同构的，我们可以由语言的结构去推知世界的结构。当我们抽丝剥茧般地对一个命题进行分析，那么我们最终会发现我们不过把一些原子事实通过一些逻辑的方法组合而成一个命题。

在这个时代中，在罗素之后，涌现了一大批对哲学，或者说是对哲学逻辑的发展有重大影响的人，指引了这整个时代的研究方向。比如，克里普克的可能世界语义学，再比如卡普兰的直接指称理论。还有罗素的学生维特根斯坦，以及卡尔纳普、赖欣巴哈、塔尔斯基以及美国的艾耶尔等。

《定义的逻辑》这本书就诞生于分析哲学出现的前夕。而这本书的作者威廉·莱斯利·戴维森（William Leslie Davidson）就生活在这个时期，在这个处于传统认识论研究后期，大家都在跃跃欲试寻找新的突破。在这个时期中，仿佛空气中都弥漫着一种特殊的味道，酝酿着分析哲学的到来。

在这本书中，作者在前言中引用了这样的两段话：

"随着知识的发展，语言也在进步。而这并不在于减少词义的数量，而在于对一个词不同的含义进行更加精确的区分和归类。人们内心的理解和推理过程或许能够因此更加准确和容易地进行，但这些过程一直都会是有必要的，除非我们所使用的词有像代数符号或几何图形名称那样固定不变的含义。"

——杜格尔德·斯图尔特

"有一点非常奇怪，如果所有有很多想法要表达的人所遇到的最大的窘境是要去寻找很多能够表达他思想的词，那么即使是科学的思想家，也不应该有比用有价值的词语来表达那些已经被其他词充分表达的思想更沉迷的实践了。"

——J.S. 穆勒

我们可以看到，在这个时期，哲学家们早就已经注意到了哲学争论中出现的混乱可能其实是自然语言中的混乱。而这本书的作者戴维森更是注意到了这个问题，正是在对传统哲学辩论的这般思考中，这本书开始在他的脑海中萌芽。虽然当时他还没有开始像罗素那样对语言与世界的关系进行思考，但在他的观念中，只有我们拥有了一种通用的语言（这里的通用并不是英语、汉语这样的语言表现形式上的通用，而是关于我们所表达的命题内容的通用），才能进一步谈及哲学问题。

在这本书中，他以这样一段话开篇：

"众所周知，语言是思维的工具，是思想的符号。我们有必要让这种思想工具尽可能完美，使这些符号能够准确表达思想。但很可惜，这个问题并没有得到应有的重视。如果我们认真思考这种必要性，就会发现现在很多地方我们都错得很离谱。与伟大的词典编纂者一样，我们认同语言的重要地位，但是我们并不像他们那样认为这些符号如此重要，也不像他们那样认为使用这些复杂的符号非常困难：尽管我们希望这个工具能够永存于世，就像它们所表示的东西那样。事实上，实现这个愿望，并进一步达到我们所期望的完美状态并不是很困难。在哲学领域，很多激烈的争论和辩论是出了名的'文字战争'。它们的出现要么是因为思想家的随意和粗心，这是应该受到谴责的，他们本可以用最准确的语言表达他们的思想；要么是因为他们无法找到合适的方式来准确地表达他们想要表达的东西。第二个原因是语言这一工具本身固有的缺陷，也许语言永远不可能变得绝对完美，但是第一个原因完全可以借助正确的定义避免，不应有任何借口犯这种错误。定义明确、清晰易懂、表达恰当的词语是思想家的灵丹妙药。语言越接近完美，我们的思想就越能被精准地表达，反之，则会越来越混乱。"

　　可以说这段话完美地概括了戴维森的观点。如果我们想让我们使用的语言具有一定的一致性，那么我们首先要关注的就是如何建立语言和思想之间的关系，也就是给词进行定义。实际上在他前半段的学术研究中，一直都在思考着如何建立这种联系。在1881—1886年间，他在《心智》(Mind)中发表了六篇关于定义的文章，包括了生物学词汇的定义，哲学词汇的定义，以及词典中词汇正确定义的方法等。所以说这本《定义的逻辑》其实是对他之前所做的研究的一个整合，同时也是一个总结和评价。这本书一共分为十章，首先，阐述定义的原则；其次，讲述了其应用。书中所包括的定义应用范围如下：词典、教科书、哲学词汇、哲学问题以及分类生物学。对于上述每一个应用，作者都指出了存在的问题和缺点，而且给出了改进的建议。

　　这本书接受了亚里士多德关于本质定义的一些思考，并且提出了在应用中我们还能够用到的其他的定义手段。例如，演绎定义，这是一种不同于亚氏属加种差定义的方法。演绎定义与属加种差定义相比，它的应用范围要小得多，而且用途也不一样。我们可以在寓言、神话、诗歌、浪漫故事等中看到它的存在，同时它也是一种卓越的数学方法，比前者定义的方法容易得多，简单得多，因此很少受到质疑。在这种定义方法中，一个复合概念只是由几个简单的概念构成，就像欧几里得几何学中的许多定义一样。例如，"正方形是一个四条边的图形，所有的边都相等，所有的角都是直角。"我们只要把几个特定的概念，如"四条边的图形""相等"等组合在一起就可以了。

戴维森从小在苏格兰的雷恩长大，后来在阿伯丁大学学习，师从亚历山大·贝恩。1873年，戴维森成为布尔特里教堂的牧师。在此期间，他完成了《定义的逻辑》（1885年）和《基于人性的有神论》（*Theism As Grounded in Human Nature*，1893年）等著作。从他的著作可以看得出来他主要是对语言和逻辑形式进行研究。不过，戴维森对语言、世界和人类心灵的研究均是在一个有神论的背景下进行的。

1896年，在被任命为阿伯丁大学逻辑和形而上学专业主席后，戴维森辞去了教区牧师的职位，任教于阿伯丁大学直至1926年退休。除了对于语言方面的研究，戴维森同样也致力于对人性的科学研究，这一点无疑是继承了其师贝恩，在对《斯多葛派信条》（1907年）的研究和黑斯廷斯的《宗教与厄尔学》（1908—1920年）中关于道德心理学的研究中均有反映。对戴维森而言，致力于对人性进行科学研究，是基于他对世界的有神论理解。戴维森认为有神论是基于人性的，认为有神论不是可论证的，它是关于人类经验的所有方面（包括感性、情感和伦理）的令人信服的解释。在他的文字中，我们可以在很多地方找到关于神学的影子，特别是在关于哲学词汇的定义方面更能够表现出他的观点。

此外，戴维森和这本书对中国逻辑的发展也起到了重要的作用。在近代中国逻辑史研究开拓的重要时期，以梁启超、章士钊、胡适等人为代表的开拓者们筚路蓝缕，备尝艰苦，开创了中国古代逻辑研究的先河，取得了丰富的研究成果，确立了中国逻辑史的研究领域，为中国逻辑史研究奠定了良好的基础。这一时期，章士钊可谓用功甚勤，功勋卓著，在中国近代思想史乃至现当代思想史上具有重要地位。章士钊接受专业逻辑思想是在英国。他1907年进入詹姆斯·穆勒的母校爱丁堡大学。1909年进入阿伯丁大学（章士钊称之为厄北淀大学）学习，其逻辑思想主要受到戴维森、耶方斯和穆勒的影响。章士钊在1909—1910年期间上了戴维森教授的逻辑课，同时逻辑学助教斯佩特·哈罗德应该也指导过章士钊学习逻辑学。章士钊在此受到了极其系统的逻辑学习和训练，在其后的学术研究中大量运用了逻辑的定义。譬如他认为学术专用名词必须有公认的内涵与外延，逻辑学译名的正名问题是首要问题，也是逻辑学研究中的最大障碍。同时，针对逻辑学专业名词翻译差异化，且不利于学科发展的现状。在他的逻辑研究成果中如内涵、命题、前提等逻辑学名词，至今仍在运用。

《定义的逻辑》是戴维森前半段学术研究的代表作，这是一本讨论了什么是正确的定义，如何进行定义的书，也是一本把人们的目光从哲学争论转向关于语言的思考的书。这本书最有价值的地方在于它不仅介绍了正确的定义应该是什么样子的，而且还让我们认真地去进行思考，思考究竟语言与世界之间是什么样的关系。

前　言

　　作为一个哲学学科，符合逻辑的定义的重要性不言而喻。同时，它作为一种检查错误的手段和符合逻辑的方法论，也同样很有价值。人们普遍认为有必要对它进行详细的阐述，同时也要对实际应用有所涉及，但实践这方面却很遗憾地被人们忽略了。

　　基于以上事实，我做出了这些努力：首先，阐述定义的原则；其次，应用它们。其应用范围如下：词典、教科书、哲学词汇、哲学问题以及分类生物学。对于上述每一个应用，我不仅指出了存在的问题和缺点，而且给出了改进的建议—— 一些已经有了不错的成效的建议，足以展示它们的特点和内容。我致力于满足学生和老师的需求，也致力于对词典编纂者和教育手册编写者有所帮助。这可以解释我为什么要做这些方面的工作，尤其是对那些主要的哲学词汇和哲学问题进行分离处理。

　　诚挚感谢贝恩教授非常有价值的建议。非常感谢《心智》(*Mind*)期刊的主编，感谢他允许我自由使用我在该期刊上的文章。同样非常感谢阿伯丁大学的詹姆士·特雷尔（James W. H. Trail）教授，关于生物学定义一章的很多内容都出自他的期刊《苏格兰博物学家》(*The Scottish Naturalist*)。

布尔特里教堂牧师

1885 年 4 月

目 录
CONTENTS

第一章　词及词义

众所周知，语言是思维的工具，是思想的符号。我们有必要让这种思想工具尽可能完美，使这些符号能够准确表达思想。但很可惜，这个问题并没有得到应有的重视。如果我们认真思考这种必要性，就会发现现在很多地方我们都错得很离谱。与伟大的词典编纂者一样，我们认同语言的重要地位，但是我们并不像他们那样认为这些符号如此重要，也不像他们那样认为使用这些复杂的符号非常困难：尽管我们希望这个工具能够永存于世，就像它们所表示的东西那样。事实上，实现这个愿望，并进一步达到我们所期望的完美状态并不是很困难。在哲学领域，很多激烈的争论和辩论是出了名的"文字战争"。它们的出现要么是因为思想家的随意和粗心，这是应该受到谴责的，他们本可以用最准确的语言表达他们的思想；要么是因为他们无法找到合适的方式来准确地表达他们想要表达的东西。第二个原因是语言这一工具本身固有的缺陷，也许语言永远不可能变得绝对完美，但是第一个原因完全可以借助正确的定义避免，不应有任何借口犯这种错误。定义明确、清晰易懂、表达恰当的词语是思想家的灵丹妙药。语言越接近完美，我们的思想就越能被精准地表达，反之，则会越来越混乱。

首先，我们不妨注意一下在使用过程中词义发生改变的倾向，上文中我们说到的词语的复杂性及其使用中会遇到的困难就包括这种倾向。如果我们知道了词义改变所遵循的原则及其局限性，那么我们之后所要做的种种对词汇的处理就很容易进行了。

词语和思想之间关系的逻辑目标应当是一种一一对应的关系，每种思想都应该由一个特定的词来命名，每一个词也只能有且仅有一个含义。如果这个目标能实现的话，那么绝大多数哲学争论都会被轻而易举地解决，争论的范围就会缩小到一个可控的范围。但是，由于语言是"活"的，它随着时代的进步而变化，不会一直保持一种状态，所以这种逻辑目标是无法达成的。而且，即使今天达成了，也难以保证明天不会发生变化，因为其影响因素数量太多，且种类复杂，使用语言的个体数量多且个体之间存在差异，所以词义不可能在所有情况下都有绝对的统一性。人们的无知、固执、怠惰、任性等，都是会产生影响的，而且即使是把世界上的词汇都交给专家们确定，但由于个体智力水平差异，更不用说这些专家的不同偏好，我们依然无法实现语言的统一。所以我们认为，一个词常常将代表一种以上的概念，或者说通常会有好几个不同的含义，这是不可避免的。与其浪费时间谴责不可避免的事情，不如认真思考词义的改变遵循何种原则，从而可以对其进行哲学辩护。

对以下三个问题的思考将会帮助我们解决上述问题：

1. 词义的改变遵循什么原则？

2. 什么时候词义的改变是合理的；或者（换句话说），我们如何区分词语的正确使用及其滥用？

3. 什么时候需在语言中引入一个新的词项？

1. 对于第一个问题，答案很明显也很简单。正如约翰·斯图尔特·密尔（John Stuart Mill）很久以前在他的《逻辑体系》（*System of Logic*）中指出的那样，词语在从一种含义到另一种含义的变化中服从两个原则：第一，它们的范围可以扩大，所以以前不属于它们含义范围的东西现在被包括在内；第二，它们的范围可以被限制或缩小，以至于以前它们包含的东西现在被排除在外。这两个过程，即词义扩展和缩减，一直都是存在的，其例子随处可见。

对于扩展过程，我们以"experience"一词为例。它曾经被限制于人类个体，只是简单地表示个人认识和观察范围内的内容。然后，它被扩展到包括从其他人那里获得的经验（来自身边的人，可从他们直接获得，或通过历史间接获得等）。最后，它被扩展到包括祖传的经验——从我们祖先那里继承的天赋和特征。还有，严格地说，"language"表示"通过言语进行思想交流"。但是，从最广泛的意义上来说，它包括了任何思想交流的符号系统，无论是口头的还是书面的，无论是通过面部表情、手的动作还是身体的姿势。同样，在自然科学研究的促使下，"law"这个简单的司法概念也得到了扩展："规则性、统一性、发生的恒常性"是一个比"在惩罚威胁下强制服从的权威规定"更广泛的概念。如果我们拿"punishment"这个词来看，我们会发现它已经从仅仅意味着"施加身体上的痛苦"扩展到了其他方面的痛苦，例如，羞耻、丢脸、意识到自己被朋友猜测而产生的精神不安的感觉等。

另一方面，也存在很多词义缩减的例子。拿"cant"这个词来说。在约翰逊所处的时代，正如他本人所使用的那样，这个词表示任何阶级或职业的术语，就像我们现在所说的词"slang"一样，而现在它仅仅限于宗教，同时伴随着虚伪和卑鄙的色彩，被用作一个表达非难和蔑视的词语。同样，"reflection"原本象征着一种思考或冥想，但是现在它经常被用来（尤其是复数形式）表示消极的看法、有敌意的批评、责难或谴责的概念。就像我们说"我没有对任何人有看法""没有对你的动机有看法"一样。"proclaim"也有双重含义：包括一般意义上的"大声或公开宣告"以及更特殊的"谴责或取缔"，而后者只是前者的一种情况罢了。"virtue"同样有三个明显的含义：从最广泛的意义上来说，它是"卓越""有能力"的同义词——就像"the virtue of a drug"这样的表达。除此之外，它还被限制为某一种特定方面的卓越——道德上的卓越，即美德。最后，它被用作贞操的同义词，就像我们谈论"一个女人的贞操"。"science"同样经历了词义缩减。它最初被用作"knowledge"的同义词，表示详尽论述知识和真理的一般化、系统化形式。现在，当这个词不加修饰地单独出现时，它通常被理解为自然科学。在某种意义上，它被限制为艺术的对立面，而在另一种意义上，它又被限制为哲学的对立面。同样，"mind" 的全部含义是"智力、意志和情感"。但是，在目前的用法中，我们往往指的是其中某一种含义。比如，当我们说 "a great mind" 时，指的是智力，或者当我们谈到 "he has a mind of his own" 时，我们指的是意志。然而，需要注意的是，我们从来没有从情感这一角度陈述它。无论感情多么强烈，都没有作为过"mind" 所表达的含义。

词义缩减的一种特殊形式是它不表达所指事物的本质，而是表达其偶有含义。"prophet" 严格地说表示 "启示者"，"一个给人类带来神圣信息的人"，但是，由于 "prophet" 通常也被当作预言者，这种次要的偶有含义使其含义变成了 "预言者"。"martyr"（烈士）本来应该是一个 "见证人""公开为真理作证的人"。此外，由于早期 "martyr" 所表示的人的命运往往是遭受人们的反对、酷刑和（很多时候）死亡，所以这个词现在只用于表示那些 "用鲜血密封了他们的证词" 的忏悔者，即 "殉道者"。同样，"sinister" 原本的含义表示手，指左手，在古代 "左" 通常表示不祥或不吉利的预兆，所以 "sinister" 的含义变成了 "阴险""腐败""不吉利"。同样，"dexterous" 原本的意思是 "与右手相关的"，根据右手的特点，现在它的含义为 "熟练、专业、灵巧和敏捷"，正如 "handy" 是 "熟练" 或"灵巧" 的意思一样。

另外两个过程同样可以被称为词义的缩减：第一，某些词从较低层次上升到较高的层次时，也就是说当它的意义得到了升华时，就会发生词义的缩减；反之，某些词从一个较高的层次下降到一个较低的层次时也会出现词义的缩减。第一个过程的例子可以在有关基督教的词中找到，比如，"love, charity, humility"。第二个的例子是 "boor, gossip, impertinent, knave, lewd, libertine, pagan, villain"。

同义词的本质就是事物的特殊化。它们通过细微的差别加以区分，我们将在后面看到。

有时，从历史的角度来看，一个词的含义会经历不同阶段的扩展和缩减。因此，在某个时间点它的含义可能比较宽泛，而在另一个时间点可能其含义就缩减了。我们以"philosophy"（哲学）为例，概括地说，它的历史是这样发展的：

哲学很早就出现了。起初它代表着"爱智"与"求知"，表示当今时代所说的"一般文化"或"自由教育"。从柏拉图时代开始，随着雅典学派的兴起，它有了更加特殊的含义。哲学成为一种独特的思维形式。哲学家通常指致力于深入研究某一特定的学科，如逻辑学、辩证法等，并系统地阐述自己的思想的人。哲学家是学派的创始人，也是导师。虽然现代单词"professor"可以部分地表现出哲学家职能，但同时也需要"master"来表明他与学生和门徒的关系。"哲学"一词的含义因学派而异。对于柏拉图主义者来说，哲学指的是作为意识形态的形而上学。对于逍遥学派而言，哲学包括理论科学和实践科学，但不包括修辞学和逻辑学。斯多葛派认为，它是"对智慧的研究"，智慧被定义为"人类的和神圣的事物的科学"，因此，伦理学、物理学和逻辑学都被纳入这一范畴。但是，无论如何解释，哲学总是有一个特定的意义，即代表着思想和理性的运用。在西塞罗时代之前不久，雅典学派的教义被引入欧洲西部，"哲学"这个词也随之引入。伊壁鸠鲁派、学院派、逍遥派和斯多葛派的教义在罗马都以哲学命名。这种（在西塞罗时代及以后）试图把它们的教义结合起来，或者把它们各自最好的东西结合起来的哲学称为"折中主义"。后来，在耶稣诞生后的前两个世纪，美德被视为是最正确的东西，哲学被限制为伦理学，哲学家成为"正直"的代表，哲学的唯一功能是充当灵魂的良药。后来，在公元3世纪和公元4世纪，当基督教获得了对西方思想的控制权时，哲学家成为神学家的同义词，融合了基督教教义和奥秘的哲学受到了推崇。但是，到了公元5世纪，哲学又重新获得了非基督教徒的认可，从那时起（比如说，在6世纪初），它被认为涵盖了物理、数学（算术、几何、音乐和天文学）和形而上学（包括心理学）三个不同的分支。这种观点贯穿中世纪，在宗教改革后很久，甚至到了18世纪，在我们的一些大学（如苏格兰大学）中仍然受到广泛认可。根据这种观点，不仅伦理学和神学被排除在哲学之外，逻辑和修辞学也是如此。波伊提乌（Boethius）和亚里士多德（Aristotle）眼中的逻辑学的地位是一样的——它是对哲学和科学而言不可或缺的工具或工具论，但并不是其中的某个领域。艾尔伯图斯·麦格努斯（Albertus Magnus）（阿奎那的大师）在13世纪把逻辑学作为思辨哲学的一个独特分支，但他的态度却是相当的犹豫不定。他的这一革新理论并未轻易地被他的直接继任者采纳。逻辑学和为其服务的修辞学，与哲学、伦理学相互对立（从亚里士多德的伦理著作为西方所知的时候起，在12世纪和13世纪）。而现今在英国，伦理学和逻辑学都属于哲学，而哲学与自然科学对立。但在德国以及其他地方的先验哲学家都认为哲学和心理科学的各个分支是对立的，尤其是心理学。他们认为哲学是知识的统一，处理存在性的问题，而心理学仅仅局限于对心理现象的分析和分类。而且，由于它们的研究方法一个是主观的和归纳的，一个是演绎的、客观和形而上学的，所以两者差异很大，几乎没有共同之处。

"philology"这个词也有着类似的发展历程：它最初代表"爱交谈"，之后经历了不同的发展阶段——"爱哲学论述""爱文学""广博的知识""对古语言和历史的研究""对一般语言的研究"以及"作为语法的一个领域的词源学"。

上述例子足够表示词义扩展和缩减的过程了，不需要更多解释。在应用中两者都起到了各自的作用，但都存在一些问题，致使在有些时候想要清晰且没有漏洞地表达思想就会比较困难甚至无法实现。它们的缺点是显而易见的，当一个词的含义过于宽泛，我们的表达可能就会比较模糊，不够准确。其内容可能足够清晰易懂，但它的内涵比我们期望的要少。在这种情况下，我们的语言很无力，达不到我们的要求。另外，当词义受到极大的限制时，我们可能无法全面地表达我们的思想，以至于听众无法完全理解。尽管我们一直都在使用它们，但我们仍然不能确保通过它们我们可以使我们的表达更加清晰易懂。此外，若我们想要改变词义，那么就意味着我们首先要做到两件事：第一，必须完全舍弃旧词义；第二，找到一个新词重新命名旧词义。那么，我们该如何做呢？我们不妨去思考之前提出的第二个问题：什么时候词义的改变是合理的？我们用什么标准来区分词项合理的使用和滥用？

2. 一个滥用的词项是没有合理的辩护的，它通常来源于个体的想象和心血来潮，或产生于某些明显不充分或不合理的原因。词项的滥用发生于以下两种情况：①当它表达的内容可以由其他已经存在的词项充分表达时；②当它要表达的意义与该词项其他含义不和谐的时候。换句话说，当它是不必要的，或者颠覆了既定的内涵的时候。

下面我们就关于这两点详细谈一谈。

（1）语言是"活"的，随着生命和思想的成长，它也在进步。我们需要将智力上的差别用言语体现出来。这时，同义词就出现了。通过被使用的同义词，我们可以评价一个人的智力水平，也可以估计对象的心理活动。同义词是用来体现相似的词项的细微差别的，与使用不同的词来表达同一个含义不一样，前者使语言更加丰富，后者使其更加贫乏。我们提倡多使用同义词，并且避免后者的出现。

以"nature"一词为例，在该词众多的含义中，有些含义是清晰易懂的，但有些含义确实是滥用的，没有存在的必要，因此需要避免。其中有三种含义很突出，且是可辩护的：①它代表外部宇宙加上人类的内心世界；②它仅代表外部宇宙，区别于人的内心世界，甚至与之对立；③它代表人类最原始的构成，与人类通过社会交往、教育训练等习得的东西不同。其中第一个含义是三个中最广泛和最全面的，但同时也是最容易产生谬误的。从这个意义上说，一切事物都是"自然的"，因为可以证明所有事物都是人与环境相互作用的必然结果，就像我们说"早期人类把自然界的各种力量具象化，这是自然的"一样。这句话的意思是，当早期人类遇到各种自然力量时，多神教的诞生是必然的结果。第二种含义的例子有很多，如当我们将"natural"和"spiritual"对立，这里指的就是第二种含义；

或者当我们谈到阿那克萨哥拉写了一本关于"nature"的书；或者当诗人称牛顿为"priest of nature"；或者当我们说苏格拉底以前的哲学家的特点是他们的思想局限于自然；或者当我们谈到"laws of nature"；或者当我们读到"looks from nature up to nature's god"；或者当我们读到"the province of philosophy is mind and that of physics is nature"；等等。第三个含义体现在斯多葛学派的格言"vivere convenienter nature"中；或者体现在巴特勒的"human nature"这一概念中，他将人性视作一个系统或等级制度，道德在顶部，欲望在底部；或者体现在"the natural rights of man"这样的学说中；或者体现在霍布斯的"man in a state of nature"的理论中；或者体现在"light of nature"这一表达中；等等。在希腊，"nature"与"convention"是对立的，这里的自然指的就是第三种含义。它表示人与生俱来的东西，这些东西是已经被确定的，要求我们无条件尊重。因此，它经常被用作"innate"的同义词。

上述含义都很清晰明了，而且很合理。但是下面要谈的这些含义，没有存在的必要而且具有误导性，它们所表达的含义都已经被其他词语充分表达了。首先，第一个含义，与"历史"对立，它代表当前事实的（外部的）经验，区别于过去相关的经验；其次，第二个含义表示事物的性质或本质，或者说是概念，就像我们说"The nature of justice is such and such"一样；此外，它用来表示斯宾诺莎的"natura naturans"；它同样也用于表示本性和脾气，就像我们谈论"A man of a gentle nature"，或者"A man of one whose nature has become soured through misfortune or disappointments"。

毫无疑问，这些应用是没有根据的和滥用的，没有理由为它们辩护。而且，它们不但不帮忙，还会帮倒忙，会使我们的表达更加混乱。对于第一种含义而言，用"present experience"或"present fact"来表达更加恰当。第二个含义则最好用"essence""quality"或"meaning"等词来表达。世界的创造者应该用"Maker, Creator"（造物主）来表示。"temperament"和"temper"用来表示脾气已经足够生动了，不需要任何其他词代替它们。

"inconceivability"是一个类似的例子，它在哲学中应用于对真理的评价。它根本就不应该有"unbelievability"这一含义，因为"conception"根本就不是"belief"的同义词。当我们想要表明一件事是不可思议的时候，为什么不用这个非常明了的词"unbelievability"来表达，而用一个模棱两可的词呢？我们甚至应该怀疑它是否应该含有"unimaginable"这一含义。"conception"和"imagination"在心理学上完全不同，因为一个与概念或观念（一般的或普遍的）有关，另一个与心理意象或画面（个体的表现）有关。所以，更恰当地说，"imaginable"是指"picturable"。但在英语中，"imaginable"这个词有时被用作"believable"的替换词，因此，情况就变得更加复杂了，就像皮尔逊在关于"resurrection"的论述中感叹的那样，"Is it imaginable that God should thus restore all things to man, and not restore man to himself？"毫无疑问，思想的精确，取决于表达的精确，没有什么比这种滥用语言的形式更能妨碍正确的推理了。

（2）我提到的另一种滥用形式也值得注意。在将词义从其最初的或公认的意义上转变时，应注意不要干扰其核心思想。

我们可以发现一个词通常有一个中心概念，这个词的任何合理的应用都是从这个概念出发的，也就是说所有其他的应用都是不合理的。然而，令人遗憾的是，这一原则常常被违反。例如，"function"一词在数学中表示"伴随的变化"，我们通常称其为"函数"。这个含义与该词的其他含义是不和谐的，它与"职责""功能"等（function 的正确含义）确实没有什么共同点。例如，它在生理学中表示的是生理结构的"功能"。此外，在古英语中"sentiment"这个词表示"观点"，但是哲学家把它当作"情感"的同义词：换句话说，他们把它从智力领域转移到了情感领域。同样地，"passion"一方面表示易受影响的性质，是被动的，另一方面也表示行为的主导原则，即动机。此外，除非"God"这个词代表一个人，否则它是没有意义的。马修·阿诺德先生（Matthew Arnold）试图用"带来永恒正义的非自我（非个体的力量）"来表达它，但实际上违背了所有已知的语言原则。"Matter"一词也是如此。它的核心概念是"物质""物体""材料""谈话或思考的主题"。但是，诸如"事务""困扰、兴奋和不安的起因""空间距离或时间长度"这些含义显然是不和谐的。尽管这些词义根深蒂固，我们可能无法轻易摆脱它们，但它们在哲学上是站不住脚的。

那么，什么时候词义的扩大和缩减（正如我们所看到的，任何改变都必须以这些方式进行）才是合理的呢？答案是，当经验和结果表明旧的词义不合适的时候。但是，只有当我们深入研究了旧义，并且确定新义没有被其他词项充分表达的时候，我们才能进行改变。

我们可以发现，在某些领域实现词义的改变要比在其他领域自由得多，其中在科学中是最自由的，进一步说是客观科学。原因很简单，准确性和精确性是科学的第一目标，因此，需要词项的使用更加一致，定义更加严格，而这在很大程度上要取决于领域内的专家。例如，"fruit"这个词在日常生活中通常是指可食用的水果。但是当植物学家开始研究花的生殖器官时，发现严格意义上的果实并不是完全等于我们所理解的果实，而且有些不是果实的东西也经常被认为是果实。例如，草莓可食用的红色果肉部分实际上并不是它的果实，而是茎的一部分——这部分是花生长的地方（称为花托）——它呈现出一种很特殊的形状。我们餐桌上的无花果的果实也是花托，所谓的"种子"就是它的花。因此，植物学家必须相应地重塑果实的含义，果实对他们来说就是植物的种子容器，仅此而已。

"individual"这个词在植物学上的意义和它在任何其他科学或流行的用法中的意义都有所不同。对于植物而言，它并不像动物（某些低等生物除外）那样，是个体或一个单位。严格地说，它这里指个体的集合，即种群。其中每个个体都有自我繁殖的能力，并具有群体的特征。

因此，对于动物学家、矿物学家、化学家等而言，有必要去修正那些误导人的通俗用法，因为表达真正的含义是科学的迫切需要。

当我们谈到主观科学或心灵科学时，情况差不多（但有所不同）。在这方面，也需要做到更加精确，这里专家指的是哲学家。但是，我们也要考虑哲学家以外的普通人，因为普通人也需要交流。而且如果可能的话，有必要了解人类共同的经历。所以如果哲学家用一种普通人完全"无法理解"的话进行交流，结局一定不会令人满意。思想者和普通人，如果他们要互相帮助的话，必须达成一致，而且当前表达心理状态的词语不能被轻易篡改。

那么，精神哲学家如何解决这一问题呢？答案将在对我一开始提出的第三个问题的思考中找到，即什么时候在语言中引入一个新词语是必要的？

3. 在三种情况下，引入一个新词项是必不可少的：①有新的东西要表达时；②通过引入新词语，可以简单明了地表示我们的思想；③当改变旧词义时，会不可避免地发生混淆。

（1）第一种情况涵盖了所有新的发现和发明，无论是对于实践还是理论，无论是指一件事物（外在的或物质的物体），还是指一种以前没有经历过的情况，或者是指一种精神现象或状态；它适用于科学、艺术、哲学、日常生活、神学、文学、政治等方面。例如，直到最近才出现被称为"boycotting"的情况。当这种情况出现时，就自发地被赋予了这个名字，且它已经成为语言的一部分；"philistinism"这个词是也是最近才出现的，用来表达近期的一件旧事；又如"vandalism"，当第一次被创造出来的时候，用来表示在那以前还不为人所知的那个时期的特点；一些历史事件的出现促使了政党名称的产生，如辉格党和托利党，自由党和保守党，激进派和宪政主义者；由于共和主义的现代发展，像共产主义、社会主义、虚无主义、芬尼共和主义这样的词现在流行起来；同样，新事物的出现会产生新的名字——电报、海底电报、电话、留声机、自行车、财阀、不可知论、催眠术等。

同样，在几乎相似的物体中，我们也常常需要区分一些细微的差别，最好的方式就是以不同的名称命名它们。在某些研究领域，尤其是（将在后面看到的）精神哲学领域，这种方法是很重要的。但是，对于所有的领域，有时它都会变得很有价值，需要我们去关注它。例如，形状、颜色、大小在植物的辨别中起着显著的作用，我们需要一个详尽的植物学术语来表达它们。同样，动物学的术语也是如此。化学家、矿物学家、生理学家、解剖学家和其他科学家必须注意所研究对象的部分、器官、结构、过程和物质之间的细微差异，并且必须注意要用合适的词汇进行表达。

但是，需要引入新词的第一种情况也包含了滥用词语的第二种形式（上文提到过），即不和谐的含义被表示为同一个的名称。这里唯一的解决办法是为不和谐的含义取不同的名字，正如在上述例子中看到的那样。

也有这样的情况，一个词语缩减了其偶有含义，而变得不适合表达它原来的某些意思了：如 "impertinent" 一词，它已经很久没有表示 "不相关" 的意思了；或者 "animosity"，现在没有被用作 "spiritedness"（有精神）的同义词；或者 "insolent"，它现在与 "不寻常的" 或 "不习惯的" 这两个意思相去甚远；或者 "imbecile"，现在它并不表示 "虚弱的" 或 "衰弱的" 的意思。对于这些情况，唯一的解决办法是为原义找到一个新的名字。

（2）第二种情况也经常发生。当一个事物（物体或概念）经常被提及，而当前表达它的词语含糊不清或者太过繁杂时，我们就需要引入一个新的词项来进行表述。例如，"scientist" "emotive" "abiogenesis" 等词语就是在这种情况下出现的。

在19世纪之前，还没有一个词来表达 "natural philosopher"（自然哲学家）或 "man of science"（从事科学工作的人）；但是在当代，当科学如此快速地发展，它已经成为大家口中很流行的词语，从事科学工作的人在人们心目中的地位日益提升，人们开始感觉到需要用一个词来为之命名，由此产生的词（现在已被普遍接受）就是 "scientist"。同样，心理学中没有比 "feeling" 更突出的词了，但是它的缺点是没有形容词形式（例如 "feelingal"），缺少一个形容词会带来很大的不便。因此，"emotional" 有时被用作这个含义。但这就相当于把一个特定的词语用于更一般的用途，从而会引起混淆；因为形容词 "emotional" 应该是属于名词 "emotion" 的。而且，由于感情和感觉是不一样的，所以这种模棱两可的指称就会引起词义的混淆。然而 "emotive" 是比较恰当的词（类似于 "sensitive"），从而有效地解决了这一问题。同样，自然科学中的 "abiogenesis" 这个词也是如此，赫胥黎教授将其表述为 "自发产生"，与生源说对立。作为一个使用起来很方便的科学术语，它准确地表达了我们想要表达的东西，所以被广为接受。

类似的，也可以为其他词语辩护："vital"（名词 "life" 的形容词形式）"psychical 或 psychic" "intuite" "purposive" "condition" "characterization" "informational" "orientation" "educationist" "stylist" "esthetics" "classification" "hedonism" "felicific" "endæmonistic" 等。这些都是为了简洁和方便而引入的词语。只要思想一直进步，语言一直发展，这种新的词语就一直会产生。

（3）最后一种情况是三种情况中最难辨识的。它对我们的知识和智力有要求，且要有合理的指导，而不仅仅是靠直觉，尽管对于其他两种情况而言往往靠直觉就足够了。正是在这种情况下，错误发生得最为频繁，权威作者的粗心大意（得益于词典编纂者的谄媚）尤其是灾难性的。主观科学在这方面存在着很多的问题。然而，恰恰在主观科学里，词语应该尽可能的意义明确。想想诸如 "subject, object, consciousness, sensation, idea, thought" 等词语带来的混淆，就可以认识到问题的严重性。如果再考虑到其他一些词如 "analysis, synthesis, perception, cause, virtue, morality, rectitude"，我们就有充分的理由进行强烈的谴责。

以逻辑学为例。对于逻辑学中的判断或命题而言，"analytic"（分析的）和 "synthetic"（综合的）这两个词有很重要的作用，它们的意义是非常明确的。它们在康德哲学中等同于所谓的 "verbal" 和 "real"，即指 "谓词没有对主语内容产生任何影响的命题" 和 "谓词引起命题改变的命题"。但是，最近在逻辑学中，这两个词语被赋予了完全不同的含义。若一个判断是分析判断，则它指的是对此时此刻我们感知、感受到的东西进行的描述。例如，"这是一所房子""有一个人"。而当判断是综合判断时，则它指的是那些超越了直观感受，进行了推理的判断，比如，"昨天下雨了""我们星期五离开镇上""我有一个兄弟定居在澳大利亚""上帝是一个灵魂"。毫无疑问，这两种判断确实是不同的，也应该是不同的。但是这种命名方式是否恰当？并非如此。伊曼努尔·康德（Immanuel Kant）的解释深深植根于哲学中，如果我们再另外赋予它其他不同的解释，那么就会引起混淆。如果作者不想创造一个新词，那么他可以用"presentative"和"non-presentative"来表示这两个含义。这种表示比他选择的那种表示更加恰当，更能表达出它的意思。

接下来我们举一个心理学的例子。莱斯利·斯蒂芬（Leslie Stephen）在他的《科学的伦理学》（Science of Ethics）（第83页）中提出了这样一个命题："也许所有的行为都可以被认为是一种习惯（habit），对于每一种习惯，只要是主动的，就会有相对应的本能（instinct），"然后继续解释，"对于这两个词我都指的是它们最宽泛的含义。我所说的习惯是指任何遵循一般规则的行为模式，当然，这包括无意识行为和主动行为。同时，我使用本能来指所有有意识的行为冲动，无论其是否合理，无论它是先天的还是后天的。"词义经过这样的改变，"习惯"和"本能"这两个心理学术语在使用过程中就会引起混淆。"习惯"和"本能"原本就有它们各自的含义，所以如果"习惯"被扩展为包括无意识行为和主动行为，那么我们需要引入一个词来表达"习惯"原有的含义，"本能"也是如此。斯蒂芬先生认为词义的改变在某些方面是有好处的，如恰当地表达了进化论学说的某个关于痛苦、有害的行为与快乐、有益的行为之间的关联的观点。但对于这种观点来说它并不是必要的，而它的缺点却显而易见，有很大影响。

要支持进化论的这个观点，似乎需要扩展"utility"一词的含义：这同时也是一个伦理学方面的例子，"utility"现在已经不再表示从前休谟等人对它的解释了，而是同时包括"给予快乐"和"维持生命"两层含义。

进化论所认为的关联很有可能是正确的，我们要感谢进化论者给出的有关它的证明和详细的阐述。但是，为什么要把新酒倒进旧瓶子里呢？为什么不为新发酵的葡萄酒做一个新瓶子呢？如果直觉论者用"virtue"这个词来同时表示"美德"和"幸福"，我们不应该感谢他，因为在直觉论中，这两者是相关的。同样，我们也不需要因进化论者使用相同的词语表示"给予快乐"的主观事实和"维持生命"的客观事实而感谢他们。

关于一般哲学的一个例子是"a prior"（先验）和"a posteriori"（后验）。它们至少有五种不同的含义，这就会产生混淆。第一，是亚里士多德的描述，"先验"代表从原因到结果的推理过程，"后验"代表从结果到原因的逆向推理过程。第二，"先验"等价于演绎推理，"后验"等价于归纳推理。第三，先验推理意味着从一个事物的概念到事实的推理，特别是它被神学家应用于上帝存在的本体论证明，而后验证明是目的论的论证。第四，康德认为"先验"意味着直觉的先天的认知，而"后验"是从经验中获得的知识。第五，"先验"和"后验"有时用更简单、更普通、更正确的词"prior"和"posteriori"来表示。

这些确实是严重而明显的错误。当然，这并不意味着所有的情况都会出错。如果说在心理科学领域，我们批评了一些违反了原则的情况，那么我们也会遇到了一些遵循原则的例子。"altruism"（利他主义）就是一个很好的例子。我们完全可以将"sympathy"（同情）和"benevolence"（仁慈）这两个词的含义扩展，使其包括"altruism"（利他主义）。因为，利他主义的含义与这两个词语的中心概念没有任何不和谐的地方。相反，同情与仁慈、正义（justice）有着共同之处，这种共同的东西恰恰指的是无私或利他，但是这样扩展同情或仁慈的词义，即给哲学词汇赋予伦理含义，会产生令人不满意的结果。因此，引入实证哲学的词汇"altruism"是很好的做法，它将同情、仁慈和正义统一，并使我们了解伦理行为的这一至关重要的方面。

还有许多其他词语也是这样，这里不需要再一一列举了。

我已经说过，在三种情况中，最后一种是最难察觉的也是最难使用的。因为，我们并不能确定词义的改变是否产生了混淆。对于那些不常使用的词义，可能很少有人对其做出改动。创造新词不仅解决上述问题，而且不会受到其他方面的影响。但是困难毕竟是理论多于实践，想象多于现实，而且，若目的单一，好处和坏处之间，优点和缺点之间的平衡（在大多数情况下）很容易达到。

有词汇丰富的情况，就有词汇匮乏的情况，当一个新词被用来表达一个已经被充分描述的事实的时候，引入的词语就是不必要。这些情况有："pronouncement"（可由"dictum"或"judgment"代替，下同）、"flex"（"bend"），"preachment"（"preaching"），"licit"（"lawful"），"instrengthen"（"make spiritually strong"），"wrongous"（"wrongful"），"enounce"（"enunciate"），所有这些词都是多余的。而且，由于这类词常常是由不同的词混合形成的，或者很拗口，或者两者都有，因此，它们往往不受欢迎。同时，用词过于粗鲁也不是一件小事：比如，一些很尖锐的批评——"A host of strange words, inharmonious, sesquipedalian, barbarous."马尔库斯·图利乌斯·西塞罗（Marcus Tullius Cicero）以很温和的方式将古人中不和谐词语的创造者（齐诺，斯多葛派）命名为"ignobilis verborum opifex"。

关于改变词义、改变的本质和局限性，已经说得够多了——康德称之为"synthetic definition"（综合定义）。我们讨论了其所涉及的过程，指出了潜在的问题，也给出了补救措施。检验是一种批判性的工具，具体的检验方法将在后文中充分例证。

第二章　关于定义：其本质与种类

定义的目的在于确定事物的性质或意义，其对象不仅包括外在的物质对象，而且还包括名称、概念、心理状态等。换句话说，定义回答了"是什么"的问题。马库斯·法比乌斯·昆蒂安（Marcus Fabius Quintilianus）这样的老修辞学家，则认为定义回答了一个更深层次的问题——"是否如此？"但后者显然是超越逻辑的，在此不再考虑。而且，比如说对于"procrastination"一词，定义者的职责是告诉我们它是什么，但我们还要另外去确认是否所有面对的事物或情况都在这个定义的范畴之内。就像我们依靠法学家、律师和其他专门从事筛选和评价证据的人来定义所谓"盗窃""谋杀"或"诽谤"行为一样。

但是，除了"是什么"这个问题之外，现代逻辑学也关注另外一个问题："我们如何认识一件事，我们如何了解它的本质？"现在，定义的目的不是要阐明事实，而是究其本质。因此，必须从两个不同的方面来看待定义——首先，视其为过程；其次，视其为结果。这两个方面都需要我们加以考虑。

当把定义视为一个过程的时候，它是什么？换句话说，我们如何确定事物的本质？我们怎样才能弄清楚定义的对象是什么？答案是有两种方法可以获得概念，即归纳法和演绎法，相应的定义过程可以称为归纳定义或演绎定义。

在进行归纳定义时，我们首先需要获取、收集待定义事物的许多实例，然后对它们进行观察和比较，以期发现它们之间的共同点，以及它们的差异和各自的特点。因此，它显然是了解事物本质的一种手段，因为只有事物的本质才能使该事物与其他事物区分开来，无论它们多么相似。如此确定的本质具有相对的稳定性和科学价值，并且与建立在更加大众化基础上的本质，即大家公认的本质相比是更好的。然而，只有通过语言的延伸，这个过程才能被称为"归纳"。因为归纳法，恰当地来说，本质上是一种推理，即从观察到的东西推到未观察到的东西，从已知的东西推到未知的东西。但归纳定义这个过程并不是严格意义上的推理，只是简单地找到相同点和不同点。因此，或许说它是概括要比说它是归纳更加准确，或者也可以说是分类或类似的操作。

而演绎定义是一个构建的过程，即对已选定的材料进行处理的过程：首先选择某些特定的要素，然后把它们以某种方式组合起来。它是一个理想的或综合的过程，不需要费力地比较实例，也不需要比对细节。

现在我们就举例说明这两种方法。

归纳定义

1.首先，我们来看归纳定义。关于"man"（人类）的定义是最好的例子。我们从动物这一属开始，它包含的生物非常适合进行比较。首先我们要找到动物和人类的各种共同之处，然后把这些共同点排除，剩下就是它们的区别了。在这个过程中，我们发现，很多动物学和人类学的知识能够大大简化我们的工作，使我们能够避开一些难以处理的细枝末节。先说人类的身体，它和其他动物的身体有什么区别呢？"动物"一词本身就意味着拥有一种能够执行物质生活的功能的组织结构，但这种结构，从存在的尺度来看，是最简单和最基本的特征。概括地说，人类作为脊椎动物与无脊椎动物的区别就在于人类具有一种特殊的神经系统，其脊髓和大脑被分别包裹在不同的骨组织中（一个是脊椎，另一个是头骨）。但仅仅在脊椎动物和无脊椎动物之间划清界限是远远不够的。除此之外，有必要把人与其他脊椎动物，如猿类、马、爬行动物等区分开来。虽然这些动物的神经系统也是有差别的，但是用神经系统的等级来区分脊椎动物是不够准确的。因此，我们必须从另一个方向来回答这个问题。让我们试着把人的身体和其他高等动物的身体做一比较，看看结果如何。其结果是一样的。因为，人类和高等哺乳动物身体一般的结构组织是相同的。两者具有相同的神经系统，相同的运动器官，相同的消化、循环、呼吸、分泌等器官，甚至人类直立的姿势也不是独特的，更不用说可以抓握的手指了（居维叶认为这是人类典型的标志）。人类和类人猿身体的唯一区别，仅仅体现在程度上的差异（毛发量也属于这一说法），除此之外并不能以任何恰当的方式将两者区分开来。在这方面我们得不到我们想要的答案，所以我们转向心理特征。我们可以把心理特征分为情感、智力和意志三个方面。那么关于这些方面，高等脊椎动物和人类有共同之处吗？或者有什么特别之处吗？对于情感，众所周知，许多动物和人类一样都有情感，都有很强的社交能力、同情心、友谊以及爱慕之情，甚至可能也有基本的良心（例如我们的宠物狗）。对于相反类型的感情，如仇恨、愤怒、报复等，我们同样找不到人和高级脊椎动物的差别。意志更加难以确定，我们想要找到恰当的检验动物世界的方法，但无法交流无疑是一个巨大的障碍。尽管如此，所有的信息都指向一个方向，即我们可以查探动机的影响，因为任何程度上的意志的雏形都不是模糊不清的。当我们谈到智力时，就没那么不确定了。显而易见，野兽也会进行推理，而且不可能有一种智力功能是人类独有的。所以这里的差别也只是程度上的，而不是种类上的。欧文的智人和"人是理性动物"这一无限制的命题都没有给出这种差异。我认为，人与动物定义的差别还体现在另外一个方面。在所有动物中，只有人类使用了能明确地表达观点的说话方式。的确，也许有一天，我们可以把它归结为三种心理力量（情感、智力和意志）的功能，也许这仅仅是伴随智力发展出现的某一阶段的产物，但事实无法改变。只要人类能够通过说话明确地表达思想而其他动物不能，那么这个差异就是非常明显的，所以我们更要强调定义的重要性。

在这个归纳定义的例子中，我们用案例对比方法得出结论，并将其用属和区别性特征表示出来，在上述例子中，属即指动物，区别性特征即指人类的说话方式。这是关于定义过程的一个很好的例子。它本质上是寻找共同点和不同点的过程，当我们得到了满意的结论的时候，就要根据主要的定义类型将其用语言符号表示出来。在这里，我们称这种定义类型为"属加种差"（per genus et differentiam）。

这种定义方法在科学上，尤其是在博物学上，有着巨大的影响力。但是，如果仅仅把它局限于这个领域内，那就大错特错了。相反，这种方法的伟大创始者在最初使用它的时候，根本没有考虑这个领域。苏格拉底所定义的概念主要是政治和伦理的概念，如 "the good" "the beautiful" "the just" "the true"。在今天，这一过程也同样是很重要的。现代人所做的工作是对苏格拉底方法的改进和扩展。而且，它被赋予了一种更为精确和科学的形式，也被证明在非常广泛的领域中具有不可估量的效用，在哲学、科学和日常生活中都是如此。

2. 但是，关于归纳定义，我们必须注意到它不仅有肯定的一面，而且也有否定的一面。如上文所述，归纳定义过程可以通过比较类似的事物进行，但是，它也可以通过对比相互对立的事物进行。因此，在上述例子中，我们不必局限于"动物"这个属，也不必在这个属中寻找区别性特征，我们可以超越这个范畴，把人类同动物界之外的其他生物以及矿物界中无生命的事物进行比较。在后一种情况下，当人与无机世界对立起来时，我们就会被这种巨大的差别所刺激。当我们面对两种截然不同的东西，如生物和非生物时，我们会产生一种强烈、生动而且持久的印象。而在前一种情况下，差异（尽管仍然很大）不会如此明显。但是，一旦理解了这种差异，它就足以使我们区分植物和动物，并可以避免我们把一个具有感觉和自主运动能力的存在与一个（虽然活着）两者都不具备的存在混淆。

以 "soul"（灵魂）为例，我们可以通过将精神现象和事实与肉体的属性和性质进行对比，即将它与物质和外延进行对比，以得到"灵魂"的概念。这是一种很好的可以获得概念的方式，可以帮助我们做出更全面、更明确的定义。

通过对比对立的事物（作为一个过程）来进行归纳定义这一方法，常常是很有用的，而且确实是必不可少的，原因如下：一是"所有的事物都是对立的"；二是在很多情况下，对某事物的认识在很大程度上就是对事物不是什么的认识。

这种定义形式的伟大的提倡者是贝恩教授，他的《逻辑》（*Logic*）一书中的第二部分以及第四部分有着非常宝贵的价值。

演绎定义

演绎定义与归纳定义相比有些不同，它的应用范围要小得多，而且用途也不一样。我们可以在幻想物（寓言、神话、诗歌、浪漫故事等）中看到它的存在，同时它也是一种卓越的数学方法，比归纳定义的方法容易得多，简单得多，因此很少受到质疑。它只是由几个简单的概念构成一个复合概念，就像欧几里得几何学中的许多定义一样。例如，"正方形是一个四条边的图形，所有的边都相等，所有的角都是直角。"我们只要把几个特定的概念，如"四条边的图形""相等"等组合在一起就可以了，而无须归纳详情。正如贝恩教授在他的《逻辑》一书中所言，我们"有一个重要的例外，与通过概括细节来定义事物的原则不同"，而且，正如作者进一步观察到的，由此构建的概念是"人造的组合物"。

定义类型

以上谈的就是作为一个过程的定义，它是我们获得明确概念的一种手段。那么现在，我们需要知道当我们把这种概念用语言表达出来的时候，它是什么样的。

定义类型与定义过程不同，它是多种多样的，对于一种情况合适的定义类型可能对另一个情况非常不适用。首先，如果某事物属于一个普遍公认的类别，并且它具有一个易于辨识的特征属性，那么对这个类别和特征属性的简单引用就是一个充分的定义。在其他大部分情况下，我们所能做的就是列举概念的构成要素，或者至少列举概念中比较突出和重要的那些要素。然而，在另一些情况下，我们需要提出与所界定的事物相对立的事物，通过对比他们之间的差异，以突出该事物的特点，从而避免它与其他事物混淆。第一种类型是实质或本质定义（substantial or essential defining，也被称为 definitio, substantialis, essentialis），最广泛的叫法是"属加种差"；第二种被称为分析（analysis）或者"划分"（西塞罗学派和经院哲学术语称为 partition，也被称为 partitio, partium, enumeratio）；第三个称为关联（correlation）、对立（antithesis），或对比（contrast）。除此之外，还有其他的语言表达形式，每一种在不用的情况下都各有其用处，都是必不可少的。其中包括描述性定义、举例定义、词源定义和词史定义。

现在我们来依次谈谈这些定义类型。

1. 属加种差定义（per genus et differentiam，更准确地说是 per proximum genus et differentiam vel differentias，因为这里的属指的是近缘属，而不是远缘属，而且该差异通常是复数，而不是单数），也可以称为本质定义。

当然，这种定义类型是建立在五谓项的经院学说之上的：较高级的类或属之下包含了较低级的类或物种，不同物种由种差区分开来。而且，由于它的目的是要确定一个词的意义，因此为了达到这一目的而仅仅引证属这一范畴是不够的，所以要用区别性特征（即种差）对其进行补充。换句话说，它通过强调"它是哪种事物"来回答了"它是什么？"这个问题。

例如，我们定义"feeling"（感觉），将其表述为精神力量。但是，我们马上就会想到，除了感觉之外，还有其他的精神力量。经过思考，我们发现，我们所希望知道的恰恰是这种精神力量与其他所有力量的区别所在。因此，我们的定义必须明显地体现出这种差别。如果我们没有做到这一点，我们就会犯含糊不清的错误。所以我们说，感觉是一种精神力量，它以快乐和痛苦的形式存在，其中精神力量是属，快乐和痛苦则是其种差。

此外，需要注意的是，种差并不是唯一的。相反，就像我们之前提到过的一样，通常存在着好多种差，这个时候单单用一个种差的话就不足以进行区分。

例如，以前通常把"volcano"（火山）定义为"燃烧的山"，在这里我们只有一个具体的种差。但科学的、更精确的定义则需要三个，即"地球表面的裂缝或裂缝"；"蒸汽大量地从开口处逸出，常常把岩石碎片推入大气层"；"在这种压缩蒸汽的影响下，大量熔融物质流出"。

同样，"slave"（奴隶）一词并不能由"一个劳动者"这一单一特征所充分界定，在这一单一特征之外还必须加上另外两个特征，然后才能（如赫伯特·斯宾塞所认为的那样）得到其完整的概念——"一个人，被迫劳动以满足他人的欲望"。

在解释了属加种差这种类型的本质之后，我们来考虑它的效用。

形式逻辑告诉我们，抓住事物的本质是很重要的。属加种差的定义不能帮助我们寻找事物的本质，但是一旦我们获得了本质，它就可以帮助我们把这些本质以某种方式表达出来，或者用语言陈述出来。而且，由于它只关注属、种和种差，它的优点是既不依赖偶有属性，也不依赖推理出来的性质。它排除了通过推理或固有事实来定义，如"复仇是甜蜜的"。因此，表示了事物的本质，而不仅仅是提供给我们关于它的信息；也排除了通过多样的偶有属性定义——如植物的颜色、形状或大小，或动物的外表，或矿物质的粗糙程度，因此，它可以避免我们把一个可能出现也可能不出现的属性作为种差，用这些属性我们甚至可能无法正确识别对象。

然而，对于一些与事物不可分离的偶有属性，却存在例外。因为这些属性确实可以作为区分事物的标志，而且其具有统一性和恒常性。例如，

狗、猫、羊、牛、马以及猪的叫声，都是它们的一个偶然属性，但是不论何时，每种动物一直都有一个对应的叫声，

所以叫声这种偶有属性在这里就变成了一种重要的种差了。

这种本质定义的主要价值在于它的简洁性。我们常常能用一个词（形容词）表达出具体的种差，如果不能，通常只需要一个短语就够了。例如，在"畸形是一种不自然的形状或形式""帐篷是一种可移动的、暂时的住所""回声是一种反射的声波"等命题中，"形状""形式""住所""声波"是属，而"不自然的""可移动的""暂时的""反射的"这些单个的形容词表示种差。而在下面这些定义中，"运算是数字的科学""弹性是指主体中的某一部分在发生改变后恢复其先前形态所具有的性质或能力""同情是由他人遭受的苦难激发的感情""美德是我们对道德的评价""宗教是感情与道德的统一""谋杀是个人行为"，这类种差虽然不是单个的形容词，但却是用一个足够短的短语来表达的，非常方便。

有时，这种类型的定义也用一个复合词来表达。就像在"阳光""月光""灌木篱墙""梨树""萤火虫""腋窝""脚凳""桃花心木桌子""头痛"这些词中（正如莱瑟姆博士指出的），第一个音节或重读音节指的是种差，第二个音节或不重读音节是属。例如，"阳光"一词，"光"有许多种类，其中太阳的光只是其中之一，因此，"光"是属或广义的概念，而"太阳"表明了它与其他光的区别，是种差。同样，"桌子"是由各种各样的木头制成的，当我们在前面加上"桃花心木"的前缀时，我们指定了特定的种类。"痛"是指各种痛苦的总称，加上"头"这个词之后，它就指的是其中影响"头"的那种痛苦。

几乎在任何地方我们都需要这种简洁性，但它在词典、教育手册和教科书中尤其重要，因为它们都要求便于携带和容易理解。

然而，尽管本质定义有很多优点，但它也有一些实质性的缺点。首先，它是通过近缘属来定义的。但是，在许多情况下，使用近缘属不如使用远缘属更恰当。我们可以举一个非常典型的例子，在弗里德里希·于贝

韦格（Friedrich Ueberweg）的《逻辑系统》（*System of Logic*）里，他提到"圆的近缘属是圆锥曲线，但是将其归于平面图形这一更加普遍的属会更实用，而且在初等几何中，圆根本不能归于圆锥曲线这一属"。其次，属和种在很大程度上是约定俗成的，在某些情况下，它们互换位置也是非常合适的。例如，无论我们说"relation"是某种"proportion"，还是"proportion"是一种"relation"，我们都表达了同一个意思。此外，"caprice"是"arbitrariness"的一种形式，但将"arbitrariness"定义为"caprice"也不可谓不恰当。对于这种情况，即同时有多个定义都是恰当的，这种本质定义的效用就会打折扣。最后，该类型的最大缺点在于其可行性取决于我们是否有足够多的确定的、易于理解的群体作为属，以及这些属是否比它们所包含的种更容易理解。上述这些条件往往不能得到遵守，在这种情况下，我们的方法就会出错。

因此，我们知道了最完美的本质的定义是什么。它不是万能的或普遍有效的工具，也不能够把一切都讲清楚。它是完美的逻辑操作，当我们使用它时，它能够抓住事物的本质，并将其用符号表达出来。它的效用完全取决于我们所处理的问题以及我们的目标。因此，其好坏要根据实际情况来判断。但是，我们可以自信地说，它可以广泛应用于文字处理和同义词辨析领域，同时它也可以延伸到词典和哲学术语，它在词汇和哲学领域有重要的应用。"事物之间的差异是什么？"这个问题从中世纪开始就一直存在，每一个试图回答这个问题的答案都必须考虑事物之间的相似之处和它们之间的不同之处，因此，很自然地就要使用本质定义的形式了。

2. 接下来说划分（partition）或分析（analysis）的定义（希腊语为 μερισμός），培根将将其称为"集体实例"（collective instances）。它指的是把一个复合概念划分成不同的组成部分，或者列举一个事物所包含的各种要素。

例如，当把"man"（人）说成是灵魂和肉体的结合时，使用的就是分析定义。还有"mind"（头脑）一词，其包括三个方面——情感、思想和意志。此外，还有很多情况我们使用了这种定义类型，如当我们把"philosophy"（哲学）定义为包含形而上学、心理学、逻辑学和伦理学时，或者当我们列举一个固体的三个维度即长、宽、高时，或者当我们说"law"（法律）包含了权威性、统一性和约束性三个要素时。

如果不是"division"这个名称在逻辑学中常局限于把一个属划分为不同的种，那么这种方法确实可以被称为"division"。但是，无论我们用什么名称来称呼它，它都是一种很实用，而且常常是不可或缺的定义类型，特别适用于阐述概念，而且在这个概念是相当复杂的时候，它总是很有效的。它的主要应用领域是博物学。在动物学和植物学中，某个群体的"特征"，就是它的分析定义：关于不同特征的系统的描述，使我们能够区分不同的类别。

例如，动物学家想要定义哺乳类：他所做的就是全面研究哺乳动物与其他脊椎动物身体结构的不同之处，尤其是那些非常明显的差异。他举了头骨的双枕髁，下巴的某个特点，大脑拥有的胼胝体，皮肤更多或更少毛，拥有乳腺和母乳这些例子。将上述各个方面加起来，就构成了他对类的定义。植物学家也是一样的。他把植物按较高和较低的普遍性分组排列。在众多的分组中，没有一组是仅仅具有一个特性。反之，每一组"特征"（类、亚类、目、属的）都是复合的，至少由几个项构成。即使是矿物学家也没有什么不同。虽然他们没有与动物学家和植物学家相同的分类方法，但他仍然将矿物按科和种进行分类，每一种矿物的特征都包括很多个方面。

博物学的定义必然是分析定义。休厄尔反对我们将其视为定义，但也只是口头上。是否类特征（如休厄尔所认为的）仅仅代表一种"类型"，不能被用于定义吗？这完全取决于我们如何定义"类型"这个词。这个词可以代表三种不同的含义：①它可以表示一个能代表整体的样本；②它代表了一种理想的事物，实际上并不存在，但一个类中的每一个个体都在向它靠近（也可称之为完美）；③它可以表示事物形成的模式。如果我们接受第一种含义（这是我们应该做的），那么类型可以理解为一个类中所有个体共同属性的别称，在这种情况下，它不是构成类的根据，在类形成以后才有了它的存在和它的意义。另外，如果我们采纳第二种含义，那么一个类可能确实有接近完美的趋势，但这种趋势并不是构成类的基础，相反，与前面一样，只有在类形成以后，通过对类中个体仔细地研究才能发现这个趋势。如果我们采用第三种含义，那么，这就成为一种先验的概念，从而混淆了我们的分类，而不是帮助它。这是一个过于柏拉图式的方式，是不科学的，必须立即否定。事实上，第一个意义本身就代表了分类所依据的理念。而且，因为"类型"是一个类形成之后的产物，并且依赖于它，所以它是类特征或类标志的同义词，举出它的组成元素就相当于定义。

3. 接下来说否定定义。它指的是举出关联物或对比物，严格地说是否定定义。

（1）首先，根本概念（我们以后会更多地看到）是无法定义的。但是，如果把它们与它们的对立面明确地联系起来，就可以把它们认识得更加清楚，所有其他种类的概念也是如此。

这些对立可能是绝对对立（例如，生—死、爱—恨、健康—疾病、痛苦—快乐、弱—强、硬—软、响亮—低沉、远—近、前—后、责任—权利、吸引—排斥），或者它们可能是相对对立（如，光—影、真实—错误、单个—某些）。但是，不管是哪种情况，不管是部分的还是全部的，这种方法都是很有帮助的。例如，当我们拿"individual"和"particular"对比，以及和"general and universal"对比（相当于拿"one"和"some""all"对比）。

该方法常应用于字典，但它在哲学讨论中也有所涉及。因为，在哲学中，要弄清作者的意思，最好的办法往往是去思考他所说的核心词的对立面是什么。例如，和"reason"（理性）对立的概念是"sense"（感觉）、"passion"（激情）、"instinct"（直觉）以及"faith"（信仰）。"truth"一词的各种含义也都是由它的对立面所决定的，如谎言、谬误、观点等。这种方法也可以应用于伦理学概念，如当"特权"与"责任"相关联时，或者当边沁通过将"utility"一词与"禁欲主义"以及"同情和反感"进行对比来解释它时。一个事物及其对立面能约束作者的思想，通过它们，我们可以看到概念的范围，从而避免误解和不相干的批评。

这种方法的局限性在于，语言中根本没有足够的词来描述实践中出现的情况。只有那些词义非常明显或经常出现的词才有独特的名称。其余的要么被忽略，要么用冗长的绕圈子的方式来表达。

（2）另一种形式是指通过指出事物不是什么来指出事物的本质。例如，几何学家对"点"的定义是"无长、宽、高"；"植物"与"动物"的区别在于（根据博物学家的说法）植物有两种否定的特性："缺乏感觉和自主运动"。此外，"永恒"一词指"没有开始，也没有结束"。

这种定义类型通常在区分同义词时非常有用。例如，"liberty"的含义是无约束（先前指奴役、束缚或监禁的状态）的，与"freedom"不同，在"freedom"中没有这种否定的概念。同样，"uncertainty"是缺乏一种确定的态度，而它的同义词"doubt"指的是一种确定的心理状态。同样地，"defect"意味着需要某种东西存在，以实现完整或完美。而存在某种不应该存在的事物，是由"fault"来表示的。"flaw"指的是存在瑕疵、污点。"to avoid"指的是"不接近"，而"shun"则表示有意地回避。

事实上，有时也会出现一些反对这种定义类型的声音，理由是我们希望通过定义知道一件事是什么，而不是它不是什么。但是，这个理由暴露出两个缺点。首先，它没有充分认识到人类认知的相对性，即我们不能对存在的一切事物都有直接和确定的认识，而且人类的认识是对立统一的。其次，它似乎没有注意到，只有我们了解了事物不具有何种属性，我们才能取得真正的进步。这两个错误造成了深远的影响，但我们不需要在这里继续讨论。

4. 接下来说描述定义（斯多葛派命名之 ὑπογρπφή）。它所采取的形式为：用语言描绘风景，或描述人的性格、爱好、习惯、举止等，或用模型、仪器、样品等词进行说明，或记录过去的事件。它的重要之处在于它是描述最低一级的种或个体唯一可行的方法。

5. 现在来看词源定义。早期的逻辑学家（如波伊修斯）认为它是定义的一个分支（西塞罗称之为 veriloquium，notatio 或 conjugatum），但现在情况有了转变。这在一定程度上可以说是理所应当的，但也可以说是不当的。说它是不当的，因为词源虽然并非必然能揭示一个词的当前意义，但常常帮助我们理解这个词所表示的主要含义，使我们能够非常精确地把握次要意义所围绕的中心概念。但是，当我们考虑到词源经常被滥用，而且它导致了严重的混淆（尤其是在我们的词典中）时，不把它当作定义的方法也是理所应当的。例如，如果在我们在描述"定义"这个词时，采用了"限定或划分界限"这一词源含义，那么这么做是恰当的，因为这确实是"定义"的中心概念。但是，若我们把地质学定义为"地球科学"，或者把语言学定义为"对说话的热爱"时，就会对其产生误解。为什么词源不能成为一个普遍意义上的解释？这个问题的答案包含在词义变化的原则中（如上一章所述）。决定词义的不是理论，而是其用法。研究一门语言中最优秀的作家远比研究一个单词的结构更有价值。

这种方法主要是在需要以历史的观点描述一个词的时候使用。由于这种情况主要发生在使用归纳法进行定义的时候，所以它对归纳定义的帮助是最明显的（就如上一章描述"哲学"一词那样）。

对于定义而言，词史法和词源法既包含相同的范围，又有相同的局限性。当它们有助于阐明词义时，它们是有价值的，当它们不能阐明时，它们就会成为障碍。定义者可能是一个语言学家，但定义和语言学完全不同。

6. 用例子来定义也差不多。它的功能是举例说明，帮助理解。而且，它可以使用在任何地方。但为了保证结果的正确性，这些例子必须经过精心挑选，必须相关且有针对性，使用不当的例子还不如不用。

概括一下本章所述的内容：我们会问，一个事物（名称或物体）究竟是什么？定义就是用来回答这个问题的。有时我们必须寻找答案，有时我们已经有了答案，需要将其用语言符号表达出来。这两种情况都叫定义，但第一种情况说的是一个过程，第二种情况是对其结果的处理。有时，我们可以给出一个完整的直接的答案，但通常我们的答案只是间接的和部分的。因此，存在着不同程度的定义，定义方法也因事而异。

第三章 关于定义：局限性与检验

定义的局限性

正如我们先前说的那样，事物的定义与其含义密切相关：它告诉我们一个事物是什么。因此，在一个事物被定义之前，必须有一个固定的、明确的含义。当然，这并不是说，一切有这样的含义的事物都可以被定义。逻辑学家认为最高级的属，即总属（summum genus），以及个体或最低级的种（infima species）都是不可定义的。如果我们用属加种差定义的话，那这个说法毫无疑问是正确的。在现代的词汇中，最高级的属常被称为"简单观念"（simple idea）或"根本概念"（ultimate notion），根本概念超出了定义的范围。很多时候，我们只能用否定定义（在上一章详细谈过）给出它的对立概念，并用语言加以表示。而对于其他的情况，只能寄希望于个体的经验了。"痛苦（pain）和快乐（pleasure）"，正如莱斯利·斯蒂芬先生所说的（参见《科学的伦理学》，第45页），"是不能定义的词语，因为它们是总属的名称，而不是更一般的属中的种的名称。我们无法用属加种差去定义'光明'与'黑暗'，'主观'和'客观'，'过去'与'未来'，但是我们依然可以知道它们的意思"。是的，它们都是"最高级的"，但这里它指的是最基本的，而不是说没有比它们更好的事物。显然，"痛苦和快乐"只是一种精神状态，两者都属于"感觉"，而"过去与未来"则属于"时间"。"最高"一词的字面含义指"没有比它更高级的事物存在"。作为根本观念，总属并不唯一，其数量很多，而且我们仅可以凭经验去命名或辨别，但不可进一步分析或描述。

另外，对于个体而言，如上文所说的那样，只能使用描述定义。一个好的定义是能够阐明本质的，它不仅有助于我们理解和认识事物，同时也有助于辨认。

但是，除了个体和根本概念之外，还有一些东西是无法定义的。就像许多我们复杂的心理状态，如恐惧、困惑、选择、意图、爱、恨、怀疑、信仰（其中一些是关于情感的，一些是关于智力的，还有一些是关于意志的），它们需要被经历才能被认识。我们根本无法通过简单地列举它们的构成要素，或将它们纳入一个更广泛的概念，来给出它们明确的定义。虽然它们是复合的，但它们的本质并不是每个组成部分叠加的结果。使用任何逻辑方法都无法得到它们的本质，也无法用语言进行陈述。日常生活中有不少的情况也是如此，如吃、喝、骗、偷、撒谎、借、帮助、阻碍等，我们只能借助经验来进行判断。目前我们能否用本质的定义来解释它们是非常值得怀疑的，其解释很少能够阐明事物的本质，这种定义并不能帮助我们理解定义对象的含义，反倒是定义对象使我们更能理解定义了。

定义的检验

既然认识到了它的局限性，那么下面我们来探讨一下怎样检验一个定义，以及我们用什么标准来判断它的有效性或价值。

当然，答案取决于所讨论定义的种类。当我们检验一个完美的或完整的定义的时候，采用的是一种规则，当我们检验一个不够完美或不完整的，但对其应用而言可以接受的定义时，采用的是另一种规则，我们需要考虑其严格程度。

1.首先，我们来说完美的或完整的定义。

其检验规则有三。

规则1：定义要指出概念的全部含义及内涵，但避免不相关的或不突出的内容。

该规则的第一句表明事物的区别性特征并不唯一。任何违背这一规则的定义都犯了不够明确的错误，都是不合适的。它还说明定义应该表达的是事物固定不变的特征，而不是伴随的、偶有的特征。从第二句中我们可以看到，在定义中可能会混入一些非本质特征，它们是不该出现的，这样的定义犯了冗长的错误。

（1）第一个错误，即含糊不清，是很常见的错误，但同时也是很严重的错误。例如，将"伤感"定义为"非自然的情感"，或将"同情心"定义为"表达或想象他人的感受和遭遇的能力"。这是错误的，因为除了伤感之外，还有其他的感情也属于"非自然的情感"。而且除非亲自体验，否则我无法知道什么是同情心，更不用说想象或表示出来了。同样，把"痛苦"定义为"紧张"，把"快乐"定义为"平静"也是错误的，因为"紧张"表示一种"状态改变的倾向"，除了"痛苦"之外，很多东西都能被表示为"紧张"，"平静"（维持一种状态的倾向）也不仅仅局限于"快乐"。又如，把"根"定义为植物生长在地下的那一部分，这很明显没有考虑到"块茎"（如马铃薯和洋蓟）也生长在地下，但它不是根，而是茎的一种变体，呈块状。而且，一些根（如常春藤的气生根）生长在土壤之上。还有把骨骼定义为动物内部坚硬的框架也是不对的，因为许多动物（如螃蟹）的骨骼是外露的。

这种错误发生的一个主要原因就是我们往往只考虑了事物的肯定特征，但其实它们同时具有肯定和否定两方面的特征。例如，几何学家不仅仅把"直线"解释为"长度"，而且还解释为"没有宽度的长度"。如果我们忽略"没有宽度"这一特征，就无法认识这一几何概念。此外，我们通常借助肯定的属性去定义"幸福"——快乐程度、持续时间等。但是，如果没有否定特征，如"没有疾病""没有后悔""没有怀疑"以及"没有忧虑"等，那么定义是不完整的，这种否定同样重要。否定特征在生物学的定义中也扮演着重要的角色，并具有特殊的含义。举例来说，如果我们说"马铃薯是一个没有荆棘或刺的草本茎"，那么就意味着包含马铃薯的属（茄属植物）中存在着带荆棘或刺的草本茎的种。如果我们说"与鸟类和爬行动物的一样，哺乳动物的鳃弓没有鳃状的附属物"，意思是还有其他脊椎动物有这种附属物。"无头"是瓣鳃类动物的一种缺陷，使它们区别于腹足类动物。不考虑这一特征的话，它们与腹足类动物几乎是同类，无法区分。然而，实际上生物学家遗漏这种否定特征的情况经常发生。

当我们使用偶有属性，或者伴随特征定义时，也会出现错误，就像我们说"火山是一座燃烧的山"，并没有考虑到存在（或曾经有过）不是山的"火山"。或者像我们定义"洲"为"不完全环海的大片陆地"时，没有考虑到像美洲这样的四周环海的陆地也是"洲"。虽然婆罗洲四面环海，但是它最多只能被称为岛屿。而环海的澳大利亚有时被认为是岛屿，有时被认为是洲。

（2）第二种错误和第一种错误相反，它指我们给出的描述过多，而不是过少。

这种错误出现的原因有二：其一是我们描述事物本质的时候增加了一些偶有属性。例如，把"睡觉"定义为"斜倚的姿态"，但实际上在直立姿态下也是可以睡觉的，这一点甚至人类都能做到。其二是我们用一些非本质的客观事实来进行定义，如"知识就是力量"。

这句话根本不是定义，而是陈述了一个事实而已。

规则2：定义或定义词应该比定义对象更易懂。

这个规则基于一个事实：定义的目的是为了解释得更加清楚，而要做到这一点，所使用的语言必须要容易理解。

例如，把"white heat"定义为"incandescence"，这不就是用一个晦涩难懂的词去定义一个清晰易懂的词吗？这个定义使我们更加不能理解被定义物的含义。还有，把"faith"定义为"the substance of things hoped for, the evidence of things not seen"（所望之事的实质，未见之事的确据）。这里使用了难懂的、形而上学的词"substance"来描述相对清晰易懂的词。

一般而言，拉丁词语比撒克逊词语更难理解，所以应该用后者去定义前者，而不是用前者定义后者，一些错误的用法如下：用"similitude"定义"likeness"，用"repletion"定义"fulness"，用"aperture"定义"opening"，用"inter"定义"bury"，用"indigent"定义"needy"，以及用"paucity"定义"fewness"。

这一规则所指的"易懂"是相对的，而且在很多方面都是如此。它与定义对象的领域有关；它与定义时人类的知识水平有关；它与定义者的目的有关。例如，在词典编纂者看来，把光定义为"通过一种被称为波的物质进行的能量传递"无疑是荒谬的，因为对于他们来说，这个定义远比"光"晦涩得多。但是，在科学领域，情况却大不相同。虽然这种定义在词典编纂中是很荒谬的，但这正是物理光学所需要的，我们在波动理论的论述中经常遇到类似的描述。

规则3：避免同义反复——定义者的陷阱。

当我们查字典，我们会发现这样一些荒谬的定义：矿物学是"对待矿物的科学"，利他主义是"以利他的方式"，存在是"任何存在的东西"。另外还有一些定义也是荒谬的，但没有如此明显的，它们把原词用同义词替代：如生命是"活力"，或快乐是"愉悦的感觉"，或心理现象是"精神现象"。词典编纂者犯的这种错误完全不可原谅。这个话题我们会在下一章再谈。

综上所述，有三条规则适用于一个完美的或完整的定义，它们提供了对其完美性的三重检验。第一，检验其充分性和完整性；第二，检验其是否清晰易懂；第三，检验它的表达形式是否合理。

2.接下来我们讨论不完整或不完美的定义。

这部分我们针对的是剩下的六种类型的定义——否定定义、分析定义、描述定义、词源定义、历史定义和举例定义。其中，最后三种都遵守同样的规则，不需要进一步说明，该规则为：

在它们说明的范围内使用。超出了这个范围，它们就没有价值了。

　　无论是单独使用还是与其他方法结合使用，第一个类型即否定定义已得到充分论述。否定定义的第一种情况，即举出关联物或对立物，应用很广泛，其应用范围的限制仅仅来源于语言的局限性。第二种情况，即更严格的否定定义（见上一章）的范围比前者要窄，其规则是：所使用的否定必须恰当。

　　那么，只剩下分析定义和描述定义了，我们需要给予它们特别的关注。

分析定义

　　规则1：详尽论述每个细节或概念的每个组成元素。同时，避免任何不相干的特征。

　　它等价于完美定义的第一个规则。同样，它也有两个方面。

　　对于前一个方面而言，在某些情况下很容易做到全面，但在另一些情况下几乎是不可能的。例如，约瑟夫·巴特勒（Joseph Butler）把"virtue"定义为"正义、诚实和无私"，以及过去人们把"mind"分为体力上的和智力上的能力。虽然在这样的简单例子中，我们没有理由考虑得不周全，但是当我们研究诸如博物学中的特有属性、区别性特征这样复杂的问题时，会是什么样呢？每一个类别，甚至是最低级的种，都有太多的东西要考虑，而困难之处在于如何区分表面的、易变的或偶有的属性与恒常的、最重要的和本质的属性。

　　同样，在类定义时，我们怎样才能确保我们所描述的特征不是多余的，有缺陷的呢？这就引出了规则第二部分的难点，即我们可能描述得太多，也可能描述得太少。目前这两种缺陷在生物分类上的影响最为显著。

　　当我们未来研究生物学上的定义时，这些问题都将出现在我们面前。在这里只要提请注意到这个问题就足够了，以便说明使用分析定义时可能会遇到的困难。

规则2：定义的内容是互不相容的。

这个规则是逻辑划分的要求之一，由于分析是划分的一种（当其应用于定义目的），所以这个规则也适用于分析定义。

若我们要通过枚举定义对象的各个元素来进行定义，那么这些元素是不能交叉或重叠的。例如，古希腊人犯的错误，他们把"virtue"划分为"wisdom""temperance""courage"和"justice"。同样，现代社会把"duties"分为"personal""domestic"和"social"三个方面也是犯了相同的错误。因为后两个方面有交叉，它们都是"非我"的。如果我们从"自我"和"非我"的角度出发，那么就像把"domestic"视为一个单独的方面一样，我们也可以把"friends"看成是"duties"的另外一个方面，因为子女、朋友和我们都是近亲关系的人，二者是类似的，但对我们来说，它们和"社会"绝非相同。同样，也可以把"patriotism"划分为其中一个方面，因为对国家的爱和对朋友的感情是很接近的，所以它们应该归为同一个范畴。

然而，必须承认，这种互不相容的要求不能总是得到满足。所有的生物都是会生长的，而生长的过程是连续的，所以我们无法给生物明确的界限。因此，不同元素的概念有所交叉是不可避免的，甚至心理现象也有这样的重叠，当然也存在着不像上述二者这么明显的交叉的情况。所以有些时候第二个规则也要适当地放松其严格性。

描述定义

规则1：使用容易理解的方式定义

其方式因事而异：它在诗歌、历史、科学等不同的领域中是有差异的，且每一个领域都有自己的方式。最好的定义就是以适合定义对象所属领域的方式进行定义。

在植物学中，对于一个植物个体是这样描述的：根、茎、叶（营养器官），花被、雄蕊、雌蕊、子房和种子（生殖器官）。以这样的方式一定可以得到关于某个植物的清楚认识。在动物学中最好的描述动物个体的方式是：消化器官（颌骨、牙齿、舌头、胃等）、呼吸器官（肺、鳃等）、循环器官（心脏、静脉等）、运动器官（纤毛、四肢等）、分泌器官（肝脏等）、生殖器官、感觉器官（神经系统，脊椎动物有两种）。同样，矿物学也有科学的、系统的描述矿物的方式。首先是结晶度；其次是物理性质（包括解理、断裂、硬度、密度、光学性质等）；最后是化学性质。其他知识领域也是如此。系统地描述是好的定义的必要条件。没有正确的方式，就不会有令人满意的结果。

有时，把描述的事物以表格的形式表达出来有助于理解。这是植物学中常用的一种方式，很好地满足了我们的目的，特别是对于初学者而言。奥利弗教授在他的初级植物学课程中很好地使用了该方式，他制作了他所谓的"花表"，并要求学生填写。要填入的内容是植物的各种"器官"、每个器官各部分的"数目"以及其中相似的部分和不相似的部分。所描述的花的"名称"和它所属的"类"或"科"都填在一个尾栏中。

规则2：使用恰当的术语

如果要充分发挥描述定义的作用，尤其是在科学领域，使用恰当的术语是绝对必不可少的。然而，这方面还存在着很严重的缺陷，还有很大的进步空间。在植物学术语中，"glands"一词至少可以用来表示四种不同的东西（含有树脂或油性物质细胞或茸毛、花盘裂片、大戟属植物的总苞裂片、花粉块的黏质球等）。同样，"adnate"一词也用来表示两个不同的含义。还有"nectary"和"nucleus"这两个重要的术语一直都没有固定的含义。了解上述例子之后，我们还能说植物学的术语使用恰当吗？动物学也是如此，动物学家把脊椎动物的下颚，节肢动物的上颚以及头足类动物的喙，都称为"mandible"。此外，"mesentery"一词有时指的是将肠与腹壁连在一起的薄膜，有时又指海葵体腔的垂直板。

在此我们不多谈细节了，上述内容足够说明规则的含义以及它的重要性了。我们将在生物学定义这一章的后半部分对整个问题做更全面的论述。

  定义是有局限性的。我们要清楚地记住这一事实，并且在不必要的时候不刻意去进行定义。此外，我们也要学会根据不同的情况选择合适的定义类型，并且严格遵守它们的规则。如果我们想清楚地表达思想，那么定义是必不可少的。所以我们很有必要了解其功能，并检验其效用。

第四章　词典定义

前面我们所说的各种定义原则在词典中有着很广阔的应用范围（使用各种定义方式来获得一个词的所有含义），前提是我们要透彻理解并贯彻这些原则。但是，不幸的是，词典编纂者们似乎并未实现这个目标，最近的编纂者（仅限于英语）不仅未能改正之前编纂者的缺点，而且事实上他们还犯了其他的错误。为了做到面面俱到，他们的工作内容太过于分散，以至于把应该作为主要目标的内容置于次要的地位，没有突出重点。结果可想而知，很多方面都做得很糟糕。所以我们的词典往往并不能令人满意。

我们的抱怨在于两个方面：其一，很多词语中含有很多容易造成混淆的完全不相干的内容；其二，它们的定义方法存在缺陷。有些地方是方法错了，包括试图定义不可定义的概念、滥用和错用词源、概念不完整等。有些是缺少了一些内容，包括没有和同义词的辨析，没有某些有用的定义方法（例如，引用一个恰当且易于理解的短语），还有很少或没有对单词的各种含义进行系统的分类，或者以一个错误的方式进行分类，以及没有对词语科学和非科学含义进行区分。

现在我们的目标是对这些问题进行更加详细的研究。在这个过程中，我们会以一些公认的词典为例进行说明，揭示一些公认的文字处理方法的缺点。

但是，首先我必须指出，有许多关于词汇的重要问题不在我们的考虑范围之内。例如，在词典中录入单词的正确方式是什么，以及如何以最好的方式表示重音和发音，这些问题不属于我们的研究范围。此外，词汇过时到何种程度才需要引起编纂者的注意，以及他们如何看待临时造出来的、没有收录的词汇，这些我们也不考虑。但是，我们可以稍微提一下最后一个问题，因为它比较特殊。

我认为，词典的目的并不是记录和解释语言中每一个词，而是选择适合成为语言的一部分的那些词汇，或者在不远的将来有可能成为这种词的词。选择的标准不仅仅在于它是否被使用，而且在于是否被恰当、合理地使用，至少要让人们接受。若是如此，所有那些源于个别作家的怪癖的词，或者是不权威的词都应该被忽略。这样一来，俚语和那些仅仅被低水平作家使用的词汇就不会出现了。

默里博士的《新英语词典》（*New English Dictionary*）中最大的缺点之一就是它包含了一些仅在新闻业出现的词或者一些难以理解的词，例如"仿词"（如"altruize"），以及许多其他类似的词（例如"abjective""abjudge""abjunctive"）。在我看来，词典的意义远远高于单纯的词汇寄存器。对用户而言，它具有教育意义（因此，它是一种指南），所以这些情况是我强烈反对的。

从题外话回来，我们现在马上进入主题。

定　义

我们首先从定义（严格地说是这样叫）入手。

能够正确、灵活地运用定义对于词典编纂者而言是至关重要的。只有他们完全掌握了定义的逻辑，并且愿意而且能够运用它，才是有用的。他们必须知道如何区分定义的好与坏（也就是说他们必须尽可能地避免同义反复或换一种形式重复定义、避免不充分或不恰当地表述定义内容、避免使用比要解释的词更难理解的词进行定义等）；他们必须知道什么词可以被定义，什么词不能；他们必须非常熟悉词汇，以便能够准确地确定正确的词义，排除不相干的含义，辨别同义词之间的细微差别；他们必须了解分类和命名的一般原则；他们必须知道并尽可能地遵循逻辑划分的原则。除此之外，为了确保定义的准确性，词典编纂者必须同时注意他们命题的内容和形式，即注意命题所传达的信息及其语言表达。他们还必须熟悉各种定义类型和过程，即它们的性质、局限性、用途和要求。

首先来说最基本的问题，即什么是可定义与不可定义。

不可定义的词包括根本概念以及许多虽然不是根本概念，但如果不亲身经历就无法理解的概念。可定义的词就是除去不可定义的和部分可定义的词之外的其他词。但是，在这两类之间存在着一个有争议的区域，被称为"lucanus an apulus"。而这个区域的界限本身可能就是一个有争议的问题。一般来说，它包含了一些衍生词，尽管这些词是可以定义的，但只在某种特定的情况下适用。这些词不能向不知情的人传达任何有效信息，或者只能传达一种非常模糊的概念。我们可以从这些词各自的特点中找到处理它们的正确方式，但这正是我们要在词典中想要寻找却没有找到的东西。

根本概念是无法定义的。然而，当我们把目光投向最好的、使用最广泛的词典，就会发现他们都忽视了这一事实，而且费力地描述着那些应该仅仅依靠个人经验来确定的词。现在确实已经不是那个把"motion"定义为"the act of a being in power"，"light"定义为"the act of perspicuous, so far forth as perspicuous"的时代了。但现在这些荒谬的定义所遵循的原则始终未发生改变。现在"motion"依然是由"change of place"，或"change of posture"来定义，好像"change"一词本身并不意味着"motion"一样。而"light"被定义为"that which shines and enables us to see, or which produces vision"，却没有考虑到如果不说"light"，我们就无法理解"shining, seeing, vision"。"life"有时表示为"vital force"，有时是"state of being"，有时是"animate existence"，我们无法从这些解释中真正理解这个词的含义。或许，将它描述为"that state of animals and plants in which the natural functions and motions are or may be performed"是最令我们

满意的了。同样，"heat"被定义为"sensation of warmth"，而"warmth"又用"heat"来定义，虽然并非刻意而为，但这种定义方式实属荒谬。我们用"form""outline""shape"来描述"figure"，而"figure"在前三者的定义中起着同样重要的作用。同样，"Assertion"被定义为"statement"或"proposition"，而"statement"和"proposition"又被定义为"assertion"。这类词要么陷入了恶性循环之中，要么就无法充分表达其含义。无论如何，这对人们的理解造成了无法估量的负面影响。人们所能理解的仅仅是那些十分简单的，没有使用各种各样技巧的定义及概念。

那么，现今我们必须意识到，我们必须有一些用于定义其他词的基本概念，一些自不待言的东西，一些只有亲身经历才能充分认识的东西，简单概念和根本概念即是如此。之前提过的给出对立面的方式，是最能将它们表达得更清晰易懂的方式。当我们说"light"是"darkness"的对立面，且与"shade"部分对立，那么我们就已经给出了文字所能表达的所有含义了。如果我们用"'death'的对立面"来向一个人解释"life"的本质，他还不能理解的话，那我们就不要抱希望有什么更加浅显的描述方式使他理解了。"cold"与"heat"可以相互解释，一起使用时还可以用来解释介于二者之间的"lukewarmness"，除此之外没有其他的说明方式了。"pain"和"pleasure"也是一样，除了这种方式以外根本无法解释。视觉、听觉、触觉、味觉、嗅觉、疲劳、睡眠以及脏器或身体系统的感觉也是如此。简单来讲，所有这些基本感觉都是要靠个体亲身经历才能了解。谁敢跟一个从来没有经历过牙痛的人解释"toothache"？或者当我们试图向一个天生失明的人解释"vision"时，我们能有什么希望被理解呢？所有这些经历都是根本的，而作为根本的，它们必须被我们接受。用于表示它们的词语必须被允许这么表示，不容置疑。

但是，不仅仅是根本概念，一大类派生概念亦是如此。它们虽然不属于我们的基本感觉，但同样不能通过语言分析加以说明。这类概念指的是事物的运动或静止的状态，尤其是指某些行为、态度和身体运动——"sit, stand, lie, hold, fall, rise, carry, walk, run, trot, slouch, cower"; 也包括我们许多复杂的内心活动——"thought, fear, love, wonder, trust, courage, friendship, hate, revenge, faith, hope"; 还包括我们许多的社会关系——"help, take, give, get, bring, say, show, ask"。虽然不能说它们是根本概念，但是与根本概念一样，试图解释它们的语言描述只不过是徒增词的数量罢了，它们依然无法通过解释被理解。以"help"一词为例，当我们查词典时，我们发现它被描述为"aid, assist, relieve"。然后我们再查"aid"，其定义是"help, relieve, assist"。同样，"assist"是"aid, relieve, help"，"relief"为"help, assist, aid"。还有很多其他的词，如"hold""give""get""stand""lie"也都跟"help"类似。它们都处在一种循环定义之中，就好像当我们到达终点时，我们发现我们就在一开始的地方。很显然，现在这里有许多可抱怨的地方。但是，只要稍加注意，我们就能做出相应的改进。可以看到，不可定义的词通常在同义词中大量出现。那么，如果我们把这类词视为无法定义的，然后把它们的同义词设定为它们的子类，并且相互之间加以区分，那么所有词就都很清晰了。继续以"help"为例，我们要做的是首先判断得出这个词是无法定义的，然后将其同义词"aid, assist, relieve"视为不同种类的"help"，并且进行必要的区分。其他不可定义词如"give""get"等也用同样的方式处理，充分发挥对比的作用。如此一来，就不会出现混淆了，这类词的本质概念也就可以被理解了。因此，这就表明要求定义所有的词是非常不合理的，而这本身就是不正确的，也是不现实的。

第三类不可定义的词或许略有不同。对于这些词，我们必须给编纂者留有余地，让他们自行判断。如果有可能用语言再现下面这些词所代表的情景："buy, sell, promise, breathe, chew, choke, ruin, threaten, lend, borrow, start, refuse"，那么总是会有一种诱惑，让我们给它们下一个定义。但在许多时候，我们会发现，无论分析、解释得多么精确，除非它们所描绘的情景被经历过，或者除非它能当场被人看到，否则它们是无法被人理解的。那么对于这些词，正如前面的例子一样，亲自体验、观察事物就是对它最好的定义。总的来说，如果不能做到这一点，那么最好就不要尝试用语言去表述它们了。

但是，在某些情况下，这是可以做到的。我们都知道插图版画的作用。而且，当出现在词典中时（如果它们是精挑细选出来的非常好的插图），它们对阐明词义提供了相当大的帮助。它们对部分可定义的概念是很有帮助的，而且在定义不那么严格的情况下，它们是很有用的。

但是，在可定义范围内的词是怎样呢？——那些可以用语言描述的词。

一种定义它们的方式（较差的方式）在前面已经提过了。我们已经看到在某些情况下可以利用被定义词的对立面进行定义，现在我们必须认识到这种方式或许可以有更广泛的应用，而且作为对严格的逻辑分析的补充，它是一种重要的辅助手段。事实上，在应用中，它遵循逻辑二分法（logical dichotomy）。定义对象与对立面要么是绝对对立的（如 "light–dark" "up–down"），要么是相对对立的（"truth–error" "man–woman" "father–son"）。但是，该方法在两种情况下都是适用的。而且，不管哪种情况，引用对立就是给出一个恰当的说明，就等于通过一个简单的方法进行阐述。对立面也与语境有关。因此，在某个叙述中，"attack" 可以当作 "resistance" 的对立面。但实际上真正与 "resistance" 对立的是 "submission"，与 "attack" 对立的是 "defence"。此外，"power" 的对立面是 "impotence"，而 "helplessness" 和 "Inability" 只有在某些语境中才能形成对比。"light" 应该与 "darkness" 相对立，但在一些语境中其对立面是 "blindness"。在特定语境中才成立的对立面（如语境中的同义词和含义）不应该出现在字典中。

因此，举出事物的对立面对定义非常有帮助，但我们也必须谨慎。我们的二分法和 "man-not-man" 这种类型的二分法不一样：在现代英语中，这种用法（无论是单词还是所指的事物）是不正确的。它所指的 "not" 或 "non" 用于否定，它所依附的那个词包含了另外一个词不包含的全部内容。但是，在现代英语里（按照既定的用法），"non"或"not"表达的却是"不相干"的意思。当我们说"non-moral"时，并不是想说"不道德"，我们的意思是，目前的情况"与道德无关"。又如，说一个事实是"non-reasonable"一样，我们仅仅是说它与理性无关。就这个过程而言，它本身就过于模糊，从而不实用。通常我们想要的是两个完全不同的、更加明确的对立面，即逻辑学中所说的"obverse"。虽然可能我们无法用两个单独的词来表达这个对立面，但很容易通过表达前缀实现，比如"immoral""irrational""unreasoning"。

除此之外，词源也是对我们有帮助的。但是，它的帮助究竟有多大呢？现在我们就继续通过词典来说这个问题。

词源对于我们来说很有价值，这是毋庸置疑的。它常常能够非常准确地抓住一个词的中心思想，从而给我们提供了打开门的钥匙。但是，它也常常会离题，因此会误导人。毫无疑问，许多词的词源对于普通人来说是毫无意义的，它们的作用仅仅是制造混乱，例如，"tragedy""comedy""metaphysics""star""plane""stag""bizarre"等。但是，还有一些词源不仅毫无意义，而且会给人们留下错误的印象。当人们第一次见到"manufacture"这个词的时候，是无法通过对词源的研究得到它准确的含义的，所以"手工制作的东西"充其量只能算是一种非常贫乏的释义，而且如今制造品大多是由机器生产的，这么看来它更糟糕了；从词源上讲，"preposterous"等同于"hysteron proteron"，即"事物顺序的倒置"。但在目前的使用中，"倒置"这个概念被"absurdity, ridiculousness"（倒置产生的后果）取代了；"poison"一词出自"potio"（一种饮料），其词源并不能表示目前的含义。在"asylum""automaton""barometer""journal""manifest""malefactor""sophist""impertinent""extravagant""plagiarist""martyr"以及无数类似的例子中，没有一个词的词源对我们有用。

"几月份"或者"星期几"都是常常挂在我们嘴边的词。然而，如果我们根据词源对这两种词下定义会是怎样呢？"September"（九月）照字面理解是第七个月，而 "December"（十二月）是第十个月，这和目前的用法是完全不同的。同样，若从字面上看 "monday"（星期一）指 "月亮日"，"thursday" 指 "雷鸣日"，这种理解对我们毫无帮助。

还有，来源于同一词根但意义完全不同的单词也是这样，例如，"consciousness" 和 "conscience"，"conference" 和 "collation"，"motive" 和 "motion"，"include" 和 "inclose"，"discrete" "discretion" 和 "discernment"。在这里追溯不同词之间的历史联系可能是一项很好的语言学工作。但是对于定义则不然，它不能帮助我们区别来源相同，但含义不同的单词。

前缀和后缀，如果按照字面理解的话，有时也会让我们误入歧途，就像是我们误把 "untold"（难以形容的）定义为 "不告诉"，把 "priceless"（无价的）定义为 "没有价值的" 一样。

因此，词源的使用规则是：当词源没有意义或具有误导性时，不应使用词源定义。只有在词源有助于阐明一个词的中心思想的情况下，才能用它来定义，在这种情况下，它不应仅仅是一个附带的描述，而应该是定义本身。

就目前的用法而言，这个规则似乎是很大胆的，但也是非常必要的。当我们翻开一本现代词典并注意到违反这个规则所造成的严重后果时，我们就能理解这种必要性了。很多不好的定义中出现矛盾或者混淆都是因为违反了这一规则，尤其是试图去定义不可定义的概念这一陋习。词典编纂者似乎认为词源就是定义，或者至少是定义的第一步，后续工作要沿着这个方向进行。然而，一开始他们就走错了路，混杂的词源误导了他们。

词史定义，或者说给出词义的发展历史，与词源定义略有不同。在使用恰当的时候，这种定义既能表达清楚词义而且又非常有趣。但它作为一种定义方法，能力是有限的。正如我已经说过的那样，词典并不用收录一个词全部的含义，而要对其进行选择和解释，因为在许多情况下，给出一个词所有时期的含义往往会使读者的思维更加混乱。词典的作用就是给出最正确、最合适的含义。在我们不知道哪个含义是合适的时候，词史定义往往能够发挥作用。此外，为了保证完整性，我们常常需要给出一些过时的含义，如《新英语词典》中的"abate"和"abide"等词。有时，为了填补空白，也要加入一些推测的含义。

撇开词源和词史不谈，我们还可以发现，在词典的定义中，属加种差这种类型使用非常广泛。然而，在使用它时应当十分小心，因为属虽然在逻辑上比种简单，但不可谓不难理解，而且有时把握具体的种差也不是一件容易的事。同样重要的是，当在一系列词中确定了一个属的时候，则整个系列的词都要归于该属之中。例如，我们用属加种差来定义下面这些词：我们采用"relation"（关系）作为属，在它下面有相互之间存在差异的种——"proportion"（确定的关系），"ratio"（两个量之间的确定关系），"symmetry"（空间上确定的和谐关系），"rhythm"（时间上确定的和谐关系）。如果在定义中把这些词一个归类于"relation"，一个归类于"proportion"，另一个归类于"ratio"，那定义当然不会清晰明确。属和种不加选择地随意使用实际上是最应该反对的做法，然而这在日常使用中却常常发生。例如，在一个比较权威的定义中，"proportion"被表述为以"comparative relation of parts, portions, shares"。它还被定义为"identity, similitude, or equality of two ratios"。此外，它也表示"symmetry"。同样，"ratio"被定义为某种"proportion"和"relation"。"symmetry"被认为是某种"proportion"和"relation"，而"relation"则用"proportion, ratio"来定义。这只是一种很常见的混淆，不仅存在于一本词典中，在所有的词典中都或多或少存在。

我们还必须纠正另一种关于本质定义的错误，即认为只要我们能把某事物归于某属，并明确地指出它与其他种的差别，就必然能把该事物的本质解释清楚。我们刚刚说过的那些不可定义的概念，可能很容易用属加种差来表示，但与可定义概念不同，我们无法知道它们是什么。以"gash"这个词为例，我们可将其用适当的逻辑形式表示为"a deep cut"或"a wound with a sharp instrument"。但是，又有谁能说通过这个定义（从形式上来看，这个定义是完全正确的），一个完全不认识这个词的人可以充分理解它的确切含义呢？在这里，对于认识这个词而言，经验是必不可少的，而来自经验的认识不需要定义。

但是，除了严格的定义，有时使用一个非常恰当的短语来定义是很有用的，特别是如果这个短语碰巧众所周知且被普遍接受。通常在解释抽象概念时，举出合适的具体例子效果很好。通过这种方式，"exacerbate"可以被描述为"adding fuel to the flame"；"man of parts"是"wit"的很好的替代词；"silent as the grave"恰当地解释了"taciturn"的含义；我们熟悉的短语"large as life"准确地表达了"consequentiousness"的含义；"dwindle"指的是"to grow small by degrees and beautifully less"。显然，这种做法确实有其价值，但同时这种做法也很容易被滥用。

我们在前面提到关联定义的时候已经说过逻辑二分法了，但奇怪的是，在词典中它们往往被应用在不适用的地方。它们往往被限制在否定词上，即那些我们语言中带有"dis""un"等否定前缀的词。但在这里它是非常不合适的，因为在很多情况下，我们不能仅仅通过"not"或"want of"或"without"来准确地解释这些前缀的含义。简单地说，在词典中的这种做法中，这些否定词并不能表示否定的程度，它们所表达的，仅仅是单纯的否定。不仅如此，我们往往必须注意这些词所包含的肯定的含义，而且在某些情况下，肯定的含义是主要含义。例如，"difficult"被定义为"not easy"是远远不够的；"not seemly"并没有表示出"unseemly"所含有的冒犯的感觉；"untrue"和"irreligious"带有谬误和不敬的意思，但在否定的解释中却没有体现。如果我们继续以这种方法定义"disaffirm, disrepute, disregard, disaffect, disallow""indifferent, illogical, infinite""unclean, unholy"，那么这种方法的不足之处就会进一步显现出来。但补救措施并不难寻找，如果仅仅需要表示否定，那就继续使用那些常见的解释就好。或许，我们可以把词典中这种做法归结于追求统一，或者更可能是过度考虑了词源。但追求统一是一回事，定义准确是另一回事。定义的最终目标就是准确，为了实现目标，甚至我们需要避免词源的使用。在需要说明程度的情况下，一般而言恰当的表述也不会很难找到。而若是肯定的含义存在，为什么不直接用它们来定义呢？我们并不反对把"disaffirm"解释为"否认"，把"untruth"定义为"谎言"，把"uncleanness"解释为"污秽"和"下流"，把"illegal"解释为"违反法律的事"。

然而，准确不能与逻辑上的充分相混淆。前者是不可或缺的，但后者在某些情况下是我们无法实现的，特别是对于自然界的概念而言。在定义这些事物时，词典必须非常自由——从对个体的认识，到对属性的枚举。除了无法做到充分定义以外，有时也要更加自由地（相比逻辑学所容许的那样）使用偶有属性定义，并且常常无法非常严格地遵循一些定义原则。当然，我的意思并不是说可以拿这个当借口，从而随随便便敷衍了事，更不是说我鼓励大家故意给出错误的定义。我只是陈述一个事实，并提请大家注意字典的这些无法弥补的缺陷。在动物界、植物界和矿物界中，一些不那么具有代表性的属性也可以被当作种差，不够充分的描述可能也会很有效。例如，在动物界，"horse"只能在词典中被定义为一种众所周知的四足动物，在战争中被用作驮兽，即使可能有其他动物（如大象）也符合这种描述。"sheep"被定义为一种驯养的四足动物，生性胆小，长着茸毛，会咩咩叫。同样，一两个偶有属性就足以区分猫、狗、母鸡等。矿物界也是如此，"gold"可以通过颜色、重量和价值定义，如被描述为黄色的、重的和最珍贵的金属，对于词典而言这个定义就足够充分了。如果进一步说它被用作钱币，以及它不褪色的事实，那么我们将会有更加丰富的细节。在定义"oxygen"时，没有必要列举其全部的性质，只要给出其中一些就够了，"carbon""hydrogen"等也是如此。植物界也是一样的。通常我们描述"cabbage"为"球状的烹饪用蔬菜"，或把"parsnip"说成"一种带根的植物"，或说"parsley"是一种"野菜"或"常常生长于湿地的植物，其叶可以用于烹饪"。它们确实给人一种很荒唐滑稽的感觉，但是我们在词典中不能给出更多的解释了，而且这些定义是可以满足我们的需要的，不用那么严格要求。

但这类词汇的定义也没必要像通常那样如此不充分。在某些情况下，可以用相对来说不那么有代表性的属性来进行补充，但这也是有限制的，必须遵守规则。并不是每一种属性都能满足我们的要求，所以我们有必要仔细地研究和选择。研究一个词公认的不同含义或许能给我们带来帮助和指导："horse"一词的所有定义都会涉及这种动物在战争中的用途，因为正是这种用途赋予了它"cavalry"（骑兵）的含义。同样，"cat"和"dog"的定义中要包含"feline"（猫科的）和"canine"（犬科的）这样的属性，"ox"和"eagle"的定义中必须包含"bovine"（牛的）和"aquiline"（鹰嘴状的）。同样，对于最大的四足动物，正是其巨大的体格给了它"elephantine"（似象的）的含义。对于"gold"的定义，如果不包含对其颜色的说明，都是不够充分的，因为颜色是它最典型的特征——"金色的"。这些属性可能不是最显著、最重要的，用它们定义或许不是很科学，甚至它们可能不是一个事物所特有的属性。但是，如果它们能够帮助我们理解定义对象，而且可以很好地用语言进行表达，我们就不能忽视它们。它们是可以加以利用、加工和补充的材料（如果我们愿意），所以不能抛弃。

然而，定义的这种不充分性并不局限于自然界的概念，它有着更广泛、更深远的影响。从下面这些问题的答案中我们可以发现它们的本质和局限性：词典编纂者可以以何种程度自由地改变词汇的含义？他只能给出词汇常见的含义吗？他的职责是为我们解释词义，但这些含义必须是实际使用的含义，那么除此之外他还能做些什么呢？

有一件事是显而易见的，那就是在一个词的定义中，有些含义并不是不合理的，他（词典编纂者）绝不能遗漏任何这样的含义。也就是说他的分析必须是完整的，要包括所有被大家普遍接受的含义。但是，必须保证这些含义不能颠覆原有的含义。受这些条件限制，所以，很明显，他的做法有时根本无法满足逻辑要求。就好像他受制于一个专横的独裁者，虽然可以做得更好，但不能违抗他的统治。他本可以做到准确，但有时又必须满足于这种不充分性。

我们可以用"cause"来举例说明。这个词有两层含义，即"power"与"origin"。任何关于这个词的分析都必须包括这两个方面。但是，在哲学中这个词常常与"antecedence"密切联系。只要人们觉得合适，我们就能很容易地把它归于定义之中，或者说把它清楚地表达出来。因为这一含义并没有影响该词原有的那些含义，而且它也没有引起非常重大的变化，它只是完善了原来的已经完整的定义罢了。

"monarchy"则略有不同。我们都知道逻辑学家是如何理解这个概念的，以及在政治学中它又表示了怎样的含义。"monarchy"被限制为绝对的君主政体（absolute Monarchies），而局限的君主政体（limited monarchies）则指的是"republics"。但词典编纂者却并不这么认为。这种局限的解释是不常见的，而且他也不是做出这样的解释的人。所以对他来说不管是绝对的还是局限的君主政体，它们的定义都是"government by a sovereign"。

词典编纂者的职能决定了其局限性。他不能推翻目前的用法，他所能做的最多就是接受最好的用法，然后等待这些用法变得更好——人们的思想不断扩展，表达方式不断精进。

同义词

下面我们来讨论同义词辨析，它既是满足逻辑要求的，又是在实际应用中非常重要的。

说它满足逻辑要求，因为它很多时候就是一个寻找种差的过程，而且这常常是极其微妙的。例如，用"瞬间发生"和"渐进过程"来区分"an act"和"a work"，这就是一个纯粹的逻辑学的做法。这里"work"和"act"都属于同一种活动，把它们区分开来的具体差异是"渐进过程"和"瞬时发生"。当我区分"incident"和"event"时也会这么做。它们都是发生了的事情，但前者是立即发生的，而后者需要时间。还有，"law"和"rule"都指的是一种通则，但是前者具有严格的普遍性，后者则允许例外发生。

此外，说它满足逻辑要求也因为它应用了各种辅助定义方法。正如在第二章中说到的那样，否定定义在这方面很有优势。但分析定义方法的应用也很广泛，这种方法需要将一个复杂的概念分解成很多组成元素，并对应地将相关的同义词分到每个元素之下。我们马上就会看到，这种方法是不可或缺的。

但同义词辨析不仅是满足逻辑要求的，而且在实际应用中它也是至关重要的。因为，在神学、哲学、科学、政治和日常生活中，如果我们把词义完全不同的词视为同义，那么将造成无数诡辩和混淆！比如政客们对于"change"和"progress"的区分，以及宗教主义者关于"liberty"和"license"的理解，这其中暗含着多少谬误！在逻辑论述中，若不加区别地使用"inference"和"proof"，"syllogism"和"deduction"，"induction"和"generalization"，结果可不仅仅是无法清楚地表达这么简单。在哲学，尤其是在心理学中，混淆诸如"illusion"与"delusion"，"faith"与"belief"，"infinite"与"indefinite"这样的词，造成了多么严重的后果啊！而科学界也并非总是能摆脱类似的困扰，尤其是关于"force"和"motion"，"undulation"和"vibration"。

因此，同义词辨析是极具价值的。但是，词典编纂者却似乎没有发现这一点。为什么会这样呢？我们不得而知。尽管在词典篇幅有限的情况下，它不能充分发挥作用，但它依然是很有帮助的，它的引入将会带来无法估量的益处。它难免会不完整，但就目前来说，只要是准确的，它就非常有用。我们刚刚谈过，不完备性是词典编纂中常见的问题，但也不能说完全不可避免。

在大多数语言中，同义词都是很常见的，它们为我们提供了一种得出重要哲学论断的方法。例如，当我们发现希伯来语中包含了很多表达宗教和伦理思想的词时，我们可以从中推断出犹太人的思维模式，以及犹太人所关注的事物的本质。此外，从大量希腊的心理学和形而上学的词中，我们可以看出希腊天才们的特点：有智慧的、哲学的。而罗马人的特点则是通过大量社会和实用领域的拉丁语同义词表现出来的。

随着社会的发展以及思维的准确性和精确性的提高，同义词也越来越多，这在处理单词方面造成了不小的困难。它需要非常精细的辨别能力，也需要一些合适的方法，把这些细微的差异呈现出来。

对于任何语言这都是一个大难题，尤其是英语，因为英语是一种混合的语言，部分是诺曼语，部分是盎格鲁－撒克逊语。英语单词以一种奇妙而复杂的方式相互交叉和重叠，原本外延相同的词后来也分离开来，有了各自独特的含义。在其应用范围之内，它们很少是完全相同的。

我们可以用"happiness"和"felicity"来说明。它们曾经是相同的，后者只是前者的拉丁化形式。但是随着时间的推移，由于种种原因，前者无法表示后者中的一些含义了。"he expressed himself with much felicity"这样的表达与"he expressed himself with much happiness"已经不同了，"happiness of diction"也不能与"felicity of diction"相互替换了。"fidelity"和"faithfulness"也是如此，它们最初是同义的，但在目前的使用中它们的外延有了很大差异。"ease"和"facility"，"vicinity"和"neighbourhood"，"brevity"和"shortness"，"levity"和"lightness"，"luminous"和"lightsome"以及许多其他词亦是如此。我们很少能找到一个能与古典语中的词相吻合的撒克逊语的词（在它的应用范围内），反之亦然。如果把两个词视为完全相同的词的话，那就会误导读者。

即使在同一语言分支中，同义词辨析也是有必要的。例如，"conjecture"和"supposition"都是拉丁语词汇，但是它们是有区别的。同样的词语还有"theme"和"topic"，"tyranny"和"despotism"（来自希腊语），"kind"和"kindly"（来自撒克逊语）。此外，我们要注意"Finale"和"termination"的区别，要注意"undoubted"和"indubitable"的差异，同样要注意的还有"reign"和"govern"，"timeous"和

"timely" "temporary" "transient" 和 "fugitive"，"flare" "flicker" 和 "glare"，"civic" 和 "urban"，"rustic" 和 "rural"。而两个非撒克逊语的同义词——如 "nomenclature" 和 "phraseology"（希腊语和拉丁语）、"trope" 和 "figure"，"dictionary" 和 "lexicon"，"insanity" 和 "frenzy" ——则会带来更复杂的问题。

即使是那些看起来形式相同的词，如 "artistic" 与 "artistical"，"enigmatic" 与 "enigmatical"，"poetic" 与 "poetical"，"prophetic" 与 "prophetical"，实际上也并不是同义的。上述每对形容词之间都有差别，有时很难理解，但却是真实存在的。一些用名词作形容词的情况也是如此，形容词化的名词和形容词本身之间总是有明显的区别的。例如，"science notes" 和 "scientific notes" 传达的内容完全不同，"an art column" 和 "an artistic column" 说的完全是两码事，"literary review" 和 "literature review" 也不一样。有的时候，即使两个词看起来非常相似，如 "gold" 和 "golden"，"wheat" 和 "wheaten"，"silvery" 和 "silver"，我们也需要对它们加以辨别和区分。

也许，最接近绝对同义的是两个及以上的词是同一个对象的名称，或者是对同一种事物的叫法的情况。比如，"shire" 是撒克逊人对一个国家领土区划的叫法，而诺曼人则称其为 "county"。同样，"kingdom" 与 "realm" 表达的内容也是一样的，类似的还有 "church" 与 "kirk" "altar"（新教徒用语）与 "communion-table"，"blackbird" 与 "merle"，"lake" 与 "loch"。然而，即使如此，我们依然可以找到一些不同之处。像 "cypher" 和 "non-entity" 它们虽然描述的是同一事物，但却是从不同的方面进行的描述。宠物的名字也是这样，比如猫的叫法 "pussy" 和狗的叫法 "bow-wow"，都有自己独特的味道，这使得它们在语言中不能与其他任何单词同义。

那么，如果问题如此之多而且这么严重，我们该如何解决呢？难道没有办法可以弥补目前词典系统的缺陷吗？如果这些问题不能有效解决，难道其程度也不能减轻吗？也许人们会认为正确的做法是单独处理每个单词，这当然要比把同义词视为可相互替换的这种常规做法更可取。但是，毫无疑问，我们可以找到比这更好的方法，以下这些建议也许会对我们有所帮助。

通过对很多同义词的研究，我们发现至少有五个值得注意的点：

（1）有些同义词的含义仅仅来自语境——来自句子中的逻辑关系，来自与它们相连的单词，来自它们在作者的思想或论证中所处的位置。（2）一些同义词的区别仅仅在于——其中一个词是大家熟知的词，相对来说比较随意，而另一个词则更加正式（如 rise, origin; begin, commence; yearly, annual; warlike, bellicose; flow, flux; death, demise; buy, purchase; heavenly, celestial; sovereign, monarch; kingly, royal, regal）。（3）一些词的区别体现在量级或者尺寸的大小上（如 hamlet, village; hut, cot, cottage; multitude, host）。（4）还有一些词的差异则在于程度、强度或生动程度的不同（如 wish, desire; hatred, animosity; pluck, tear; murder, butcher）。（5）大多数词都有很细致和巧妙的界定。

语境中出现的同义词处理起来几乎没有什么困难。虽然可能在某一个语境中，这个词是独一无二的，也就是说没有其他更恰当的词了，但是也有极少数例外的，这种完全由语境产生的同义词不在词典编纂者考虑的范围之内，它们应该被排除在外。对于正式或非正式的区别，以及量级尺寸上的差异，我们只要将他们用一句话表示出来就够了。当程度是主要区别性特征时，可以用线性的表示方法，即把它们按程度大小排列。当两个或两个以上的词表达相同的程度时，用连词"or"把它们连接起来。例如，"unkind"用来表示某种行为是应受谴责的。一些词语虽然表达了相同的内容，但感情更加强烈——"harsh, cruel, barbarous, brutal, savage"。因此，在定义了"unkindness"之后，如果加上"虽然表达相同的内容，但是程度不及'harsh, cruel, barbarous, brutal, savage'"，那么定义就更完整了。同样，"unhappiness"表达了痛苦之意，但"misery"和"wretchedness"程度更深；"difficult"的程度不及"hard, laborious, arduous"（按程度增加的顺序排列）；"servitude"不及"slavery, bondage"。在下面几组词中，我们可以很容易地看到程度的渐变：strong, roust, ridicale, deride, clear, distinct, portrcry, depict, weak, frail, inform, wind, breeze, gale, see, look, gaze, stare。

这些词处理起来是相对简单的，主要是第五组词可能会有些难度。

现在，我们可以把这些词分成两类：（1）表示一个简单概念或无法定义的概念的词；（2）表示复合概念的词。但无论哪种类型，方法都是一样的。只是在后一种情况下，它要长一些。

处理一个简单概念的方法是把同义词分组排列，每组用分号隔开，然后用尽可能少的语言进行必要的解释说明。当我们要处理一个复合概念时，使用的是同样的方法，只是稍做补充。具体的操作是将概念分解为不同的组成元素，并在每个元素下面将同义词分组排列，主导思想放在其前（放在括号内），解释说明在后。

我们将用几个例子来说明。

首先，从"hot"这个不可定义的词开始。它的同义词是："ardent, burning, glowing; fiery, scorching"。我们马上可以看出它们的共同点——它们都有"heat"的意思。如果按照我所说的方式把它们组合起来并使用标点符号分开，那么就更加清晰明了了：前三个词为一组，后两个词为一组。然后在后面加一个注释，说明组间和组内词语的差异。这个过程很快就可以完成，整体形式如下：

"hot"的同义词：ardent, burning, glowing; fiery, scorching。

前三个词只是程度有差异（如果在前面说过在表示程度时我们总是按程度由浅到深的顺序排列，那么就没有必要再进一步说明哪一种情况程度最深，哪一种情况程度最浅）；另外两个词（同样存在程度差异）则表示有害的、有破坏性的能量，前者也伴随着间歇性。

举个比较难的例子——"give"。这也是个不可定义的词，其同义词是 "grant，afford；impart，bestow，confer"。这个词的注释应该是：前两个词表示的是满足某种欲望。不同之处在于，在第一个词中欲望是表达出来的（如祈祷、请愿或请求），但第二个词不一定如此。第二组词所含有的共同思想是 "交流"，但是与 "impart" 相比，其他两个词还有 "使……受益" 这层含义。但这两个词的感情色彩不同，"bestow" 是和蔼地授予，而 "confer" 是居高临下地授予。

"argue" 的同义词为 "debate，discuss；dispute，contend"。前两个词都指讨论，后两个主要关注的是细节。"dispute" 与 "contend" 是同一过程的不同方面：一个是反对某一立场（进攻方）；另一个是支持该立场（防守方）。

"get" 的同义词是 "obtain，acquire，gain，win；earn；attain，procure"。我们可以这样区分它们：在这些词中，"obtain，acquire，gain，win" 都带有 "努力" 的意思，但第一个词并不能说明努力是否是属于个人的，而个人的努力和时间则体现在其他三个词中，此外后两个词还带有 "竞争" 的意思。当我们提到 "奖励" 或 "报酬" 时，可以用 "earn"；当我们主要谈论的是要达到的目的，或预期目标时，可以用 "attain"；而 "procure" 强调的是方法。

也许，很少有注释能比 "guess" 的同义词—— "conjecture，surmise；supposition，hypothesis；divination" 所需要的长度更长：这些词都或多或少地表示一种冒险的尝试。当没有证据证明我们是对的，就贸然提出关于一件未知的事情的陈述时，严格地说这是一种 "guess"。当我们有某种理由，但不是很充分，使我们相信我们所说的关于未知事物的话是正确的，那么它就是 "conjecture"。一个关于实际事物的强有力的推测叫作 "surmise"。当我们对自己的陈述相当有信心，我们很有可能是正确的，可以称其为 "supposition"，哲学上称其为 "hypothesis"（正如在科学界应用的那样）。"divination" 则是 "洞察力" 与 "精明" 的结合，暗含了一种预言性的力量。

另外一个例子是"leaning"，其同义词是"bent, inclination, bias; proneness, propensity; tendency, turn"。其中，"bent"和"inclination"是最生动的两个词，它们都指思想在某一特定方向上的倾斜，即偏离常规或标准。前者指的是一种永久的或持续的偏差，而后者不一定如此。"bias"虽然也意味着偏差，但与前两个词不同，它是贬义词，当这种偏差没有道理的时候，就会使用这个词。当这种偏差体现在道德方面时，我们使用"proneness"和"propensity"这两个词。这两者大都表现出了负面的倾向，而在他们两个中，"propensity"较为强烈，它更好地表达了一种应受谴责的倾向。"tendency"和"turn"主要表示一种趋势，它们既不表示偏离标准（如"bent"和"inclination"），也不表示没有道理的（如"bias"）或错误的（如"proneness"和"propensity"）的倾向。但是，前者所指的趋势可能是出于本能或习惯，而后者完全出于本能。"turn"一词表达的是一种单纯的偏爱，如喜欢一种东西。

"usually, generally, ordinarily"可以归为"commonly"的同义词。"commonly"一词原本的意思是被很多人或事物共有。"he commonly employs an assistant"是一种错误的表达方式，而"the Irish commonly live on potatoes"则是一个正确用法。另一方面，"usually"用来表示某种风俗习惯，或在任何时期盛行的事物。当这种习惯被视为法律时，即它有了统一性时，我们要用"ordinarily"这个词。严格地说，"generally"的意思是"在大多数情况下"，因此它允许例外发生。

至此，这些例子都局限于非哲学词汇。但即使是哲学词汇，也没有什么不同。例如，"rational, reasonable, reasoning"是"reason"的同义词。第一个词指拥有理性，第二个词指理性的运用，第三个词是理性的一种特殊的形式，常见于一些思考或论证之中。

"thought"有许多同义词："reflection, pondering; contemplation, meditation"。其中，前两个是主动的思维活动，另外两个则更为被动的。

"reflection"指我们有意地去发现或弄清楚一些事情，当这个过程在头脑中反复进行时，我们称之为"pondering"。而另一方面，在"contemplation"中，尤其是在"meditation"中，我们受制于思维模式和心理暗示。前者是对具体对象的思考，后者是关于真理和抽象事物的思考，"contemplation"的目的是理解某事物，"meditation"的目的是了解思想的深度。

接下来，让我们来看一些感情词汇。首先说"revenge"。我们已经知道，它是一种基本的心理活动，是一种亲身经历了才能了解的感觉，而且一旦经历过，就很容易识别。此外，"resentment"和"retaliation"很相近。这三个词可以这样区分："resentment"是指受伤害（不管是真实的还是假想的）的人心中激起的愤慨。当把这种感觉化为现实，即当它秉着"以牙还牙、以眼还眼"的原则成为对伤害者的报复时，它就是"retaliation"。而"revenge"指的是受害者从报复行为中获得的满足感，即对加害者实施惩罚时所产生的兴奋和狂热。

"sympathy"的同义词是"compassion, pity, commiseration"，这些词是"同情"的不同形式。"sympathy"既含有分享快乐之意，也意味着承担痛苦。"compassion"（相同的词，但是其拉丁语形式）虽然内容相同，但感情更加强烈，且更倾向于承担痛苦一点。当我们仅仅希望用一个词来表达对他人所受苦难的同情时，要用"pity"。但是，当这种同情中含有轻蔑的成分时，我们称之为"commiseration"。

"humility"容易与"condescension"相混淆。"humility"指为人谦逊，或者说不高看自己。"condescension"指居高临下，同时带有自满或自负的含义，所以常常包含应受谴责的意思。

"sorrow"，其同义词为"grief, anguish, agony"。这四个的词的差异在于程度不同。除此之外，"grief"所表示的悲伤是一种沉重的心情，"anguish"指剧烈的疼痛，"agony"指痛苦的挣扎，也指痛苦的遭遇。

描述意志的词汇也是一样的。"choice, purpose, determination"都是"will"的同义词。而"purpose"是自发的意向，"determination"是确定的

目的，"choice"是深思熟虑的结果。

　　这就是在词典中对同义词进行辨析的方式。而且，一个词（即使是表达一个简单概念的词）可能有一组以上的同义词，也就是说这个词有不止一种用法。例如，"see"既适用于肉体的视觉，也适用于心理的视觉，每种用法都要进行同义词辨析。对于第一种含义，它必须与诸如"look""behold""view"等词相区别；对于第二种含义，它必须与"perceive""attend""observe""discern"等词相区别。它可以有很广泛的例证。

　　在处理复合概念时，则不需要（正如刚才所说）改变方法，只需将其扩展即可。

　　我们从"cause"这个词说起。它有两层含义：一个是促进产生的力量，一个是起点或起源。每一个含义都有属于自己的同义词分组。由第一个含义我们得到"producer, efficient, motive, reason, inducement"，由第二个含义我们可以得到"source, origin"。在进行辨析之前，有必要将这两层含义指出来（可以用括号来表示），其他的就和之前一样了。其具体形式为：

　　"cause"的同义词：

　　（原因）——producer, efficient; motive, reason, inducement。

　　（起点）——origin, source。

　　注释：在表示"原因"的词中，第一个和第二个词用于表示客观事物出现的原因，且是看待同一事物的两种相关的方式。另外三个词是表示心理的："motive"是我们所做的选择的决定性因素。当这种因素与我们内心的欲望相结合时，它就是"inducement"；当与我们的理性相结合时，它就是"reason"。因此"cause"促其产生，"reason"为其辩护。在表示"起点"的两个词中，"origin"仅仅表示开始，如果再加上永久存在和持续供给的意思，那就是"source"。

　　下一个例子来说"law"。它有三个含义：指导或指引、权威和义务。它们的同义词为：

（指导或指引）—— precept, rule, regulation.

（权威）—— injunction, order, command , edict.

（义务）—— decree, statute.

注释：前三者的区别仅仅在于其普遍性程度。第一个是最普遍的，最后一个是最具体的。"injunction""order""command"的区别是法律的权威程度。"edict"强调的是"宣传"或"主要的出版物"。"decree"和"statute"突出法律的约束力，但"statute"是持续有效的，而"decree"是暂时的，且针对的是特殊情况的。

下面我们来看动词"answer"。它包含的两个主要含义是"回应"和"符合"，其同义词为：

（回应）——reply。

（符合）——correspondence。

注释：从词源上看，"answer"的意思是反驳指控或指责。但这正是正确的英语用法中"reply"特有的含义。"answer"仅仅是告知或回应，而"reply"的作用是反驳或拒绝。当我们说"回答一个问题"或"被叫到的时候请回答一下"的时候，用"answer"；当我们说"我要对指控或异议做出答复"时，用"reply"。对于第二个含义，当两种行为完全一致或者显现出了相似性（如照镜子一样）时，用"answer"；当两个事物是成比例的或者说大体上是协调的、一致的，则用"correspondence"。

从这些例子（包括简单概念和复合概念）可以看出，同义词辨析是完全可以在词典中进行的。虽然也许不能像我们所希望的那样面面俱到，但是当词义相差很多的时候；尽管我们只是把同义词单独放在一起并进行分组，但它也很重要。空间不足是限制其应用的一个原因，但当词典编纂者不再试图去定义那些不可定义的词，不再去考虑那些不相干的词源的时候，就会腾出更多的空间给同义词辨析使用。

词　义

下面我们来说词义分组的问题，它遵循与之前相同的原则。虽然同义分组的确常常可以完整地表达所有词义，但如果有需要，首先要做的是仔细研究这些含义，排除语境含义（在某个语境中才有的含义）以及不相干的含义。

这些含义在词典中大量出现。然而没有专门研究过此事的人不会对此有任何概念。我们应该完全避免使用这些含义。例如对于"light"（"heavy"的反义词）一词，我们发现其中"易承受的""易消化的""不难受的"等含义都是由语境决定的。同样还有"轻微的，不严重的"和"受烈酒的影响"等含义。"life"（作为一种生活方式）可以指"快乐"或"痛苦"，"高尚"或"罪恶"，但这也都是由语境决定的，应该被排除，"血液，生命力的载体"和"生命形式"等含义也是如此。不管"host"这个词是指一群人，指天使阶级，指天体（太阳、月亮和星星），还是指一系列反对意见或例子，它的意思只有一个，即"众多或数量很大"。当将其应用于军队时，意思就不同了，因为现在引入了"敌对""遭遇"和"力量对抗"的概念，因此就有了形容词"hostile"。"air"的意思是"大气中的空气"。所以"露天"和"受污染的空气"怎么能作为它的不同含义出现（就像默里博士的《新英语词典》那样）？"air"单独出现经常表示"我们头顶上的自由空间"，但如果不带限定形容词"open"的话，从来没有表示过"露天"的意思。同样，单独出现时它也并不包含"被污染的空气"这样的含义，受污染这一概念可以通过附带形容词的形式体现——"foul air""pestilential air""thick air"等。"state"一词在一些特殊情况下才有"困境，窘况"的含义。"power"本身并不意味着"无形的存在""军队""海军""主人"。"tall"还需要我们创造另一个含义来解释隐喻性的表达"大话"（tall talk）吗？或者，我们是否还需要增加"living"的含义来解释其以下的用法"a house, with an under-cellar and a living floor, to let"？还可以拿介词"to"

作为一个极端的例子来说。它最重要的一个意含义是"朝……方向运动"，尽管可能还会有其他含义，但也不会有很多。然而在某一本词典中，我们发现其词义有五个，在另一本词典中有十一个，在莱瑟姆博士的《约翰逊》（*Johnson*）中有二十二个（不包括约翰逊的六个状语性含义和短语），在第四本词典中有二十三个！看了这么多的例子，就算再看到"thief"包含一种"拖延"的意思，我们也不会惊讶了，因为有诗人说过，"拖延是时间的小偷"。

语境含义还包括一个词或它所代表的事物产生的关联的情感。例如，"champion"恰当的定义是"无畏而成功的斗士"。但是，当我们想到它时，不可避免地会产生一种钦佩和敬畏的感觉。这种关联的感觉非常真实和显著，但不能表示为它的含义。

"sun"是一个天体的名称。但是，当喜悦和欢乐、生命和健康常常伴随着太阳的出现而出现时，我们开始把这个发光体与给予健康、喜悦和生机联系起来。但是，这种联系超出了词典编纂者的职责范围。

同样，"queen"常常使我们联系到一种尊重、敬畏和忠诚的感觉。但是词典应当给出的解释仅仅是"女性君王"。就像亲子关系是"father"和"mother"的唯一解释一样。

这些以及所有诸如此类的情感，都属于修辞学家的考虑范围，但词典编纂者却不应考虑。他们的目的不同，所以工作领域也应该被严格地分开。

除了语境含义和不相关的含义，还有一些滥用的含义。这些含义也应该尽量舍弃，尽管不能像我们希望的那样严格。例如，"distance"一词严格地来说只适用于空间关系，用于时间间隔是不恰当的。然而，由于这两种用法在最经典的英语作品中都得到了认可，词典编纂者只能接受它们。然而，不管是否得到权威的支持，滥用的含义很明显是写作过程中草率或粗心的结果。例如，用"affection"代表"affectation"，用"a priori"和"a posteriori"代表"prior"和"posterior"，用"term"代表"termination"，用"origination"代表"origin"，用"limitation"代表"limit"，用"presently"代表"at present"，用"desiderate"代表"desire"，用"definitive"代表"definite"，用"alone"代表"only"，用"conceive"代表"believe"，用"persuade"代表"expostulate"，此外还有无数其他的例子。这些用法根本不应该被记录在词典中，这些词都有各自的含义，这种做法只会引起混淆。权威不能成为一种借口。人非圣贤，孰能无过，就算是最优秀的作家，如威廉·莎士比亚（William Shakespeare），也不能保证不会犯错。好的用法意味着受到广泛的认可，不能因为一个例外情况就受到影响。

第一项工作，即排除不恰当的含义，已经完成了，那么接下来要做的就是以最准确、最容易接受的方式处理好剩下的含义。这项任务的难易程度取决于这些含义是一个简单概念还是复杂概念，或者取决于它们数量的多少。有时候我们可以把它们排列起来，来展现出含义的演变过程（不一定是按历史顺序，也可以是逻辑顺序），也就是展示出含义之间的联系。但这种情况相对较少，因为众多含义之间的关系错综复杂，有些含义会过时，会被废弃，甚至从来都没有使用过。然而，只要能够做到，就一定要使用这种方法，因为没有其他方法能够如此有助于清晰的表达了。例如，"eccentric"就给了我们一系列不断发展的含义——"非同心的（指圆）""不走寻常路（指行为）""古怪的"。从其中一个意思很自然而且很容易地就过渡到了另一个意思。在将"general"一词与"abstract"和"universal"区分开来之后，其含义的合理的排列是"非特殊的、普遍的、公共的、模糊的"。还有"active"——"聪明的、机敏的、正在忙碌的"，"sad"——"阴沉的、庄重的、忧愁的、沮丧的"，以及动词"damp"——"湿润、变冷、压抑、气馁、抑制"。其他词也是如此。

通常，分组是按照含义的普遍性进行的：从普遍到特殊或者从特殊到普遍。

例如"organ"是一个既有普遍意义又有特殊意义的词，所以其含义就按照这种方法排列。从最广泛的意义上来说（这应该是第一位的），它意味着"工具或代理"（无论是什么种类）。然后，它也有更狭窄的含义，如"生命体的一部分""通信的媒介"［就像我们把报纸说成是"the organ of a party（政党机关）"那样］。最后，最特殊的含义是指"一种特殊的管乐器"。

同样，"state"是"情况或状况"的一般名称，然后我们把它限制为"尊贵的场合""隆重的仪式""尊严"。最后，它还有"人民政府或国家"的特殊含义。

当逻辑顺序与历史顺序一致时，分组将更加有效。可以在《新英语词典》中找到相关的例子，例如"advent"和"agony"。

虽然上述方法很有效，但是一个词往往包含不同的意思，有时它们是对立的。所以词义，像同义词一样，要根据不同的意思进行分组。与科学和技术有关的含义则更为复杂。

如果同一个单词有两组以上的含义，那么将这些含义完全分开是非常重要的，技术和科学的含义（包括哲学的和宗教的），也应该分开呈现。同一个词的相互对立的含义应该完全分开（比如"oblige""let""invaluable""priceless"和"obnoxious"）。此外，一些形式相同但却含义不同的词，也被称为同音异义词，同样需要将其含义分开处理（如"cleave"既表示"劈开"又表示"紧挨"，"hind"既表示"农民"又表示"雌鹿"），还有"light"（""'黑暗'的反义词"和""'重的'的反义词"），"host"（"希望""敌人"和"主人"），"desert"（"荒地""功过"），"temporal"（"时间的"和"寺庙的"），"lie"（"说谎""休息"和"斜躺"）。在第一种情况下，每个组都应该用一个单独的句子来说明，组内的差异应该用逗号、分号和冒号来标记。在第二种情况下，每个单词必须用单独的条目说明。

对于比较复杂的分组，我可以举几个例子。

首先，"point"。其中心概念为"任何事物的尖锐的边缘"。因此，它至少包含两层意思——"小"和"尖锐"，每一层意思都有一系列的含义。

同时，几何学也为其增加了一个独立的、很不协调的意思。我们从"小"开始说起，相关含义有"标记"或"点"，该含义通常应用于写作和音乐中；它还可以表示"准确的地点""确切的东西"（目标或考虑的对象）；在地理学中的含义是"陆岬、海角"。对于"锐利"这层意思，具体的含义是"讽刺"，就像警句中的一样。其具体形式如下（不同的意思被括在括号里，如同义词）：

"point"含义：

（小）——标记或圆点，写作中用于划分句子和从句，在音乐中，放在音符后面，使其时值增加一半；准确的位置；确切的东西；在地理学中，指陆岬或海角。

（尖锐）——警句中的讽刺。在几何学中指位置。

同样，"stage"既表示用于展示的平台，也表示距离，应该参照这两种用法进行分组。

"hurt"应该根据所受伤害是身体上的还是心理的来进行分组。

"conclude"也有双重含义：（1）推断；（2）结束，终止。

"inform"表示（1）滋生；（2）通知或传授知识。

"pleasure"这个词也有两个方面的含义——情感与意志。在情感方面，一般它表示"愉快的感觉"，但也有一种邪恶的特殊形式——肉欲的满足。就意志而言，它代表"希望"，也代表"命令"，这是前一个方面外在的表达。但是下面这种用法——"felix willing to show the Jews a pleasure, left Paul bound"——是滥用的，因此我们不予考虑。显然，这里用"favour"是更恰当的。

"office"的宗教含义和下面列举的其他含义是不能混在一起的：固定的职责或工作；生意；善恶行为；崇拜；关于"奉献"的套话；特殊用途；商业场所；没有司法管辖权的慈善机构。

对于"impose"，我们需要将"硬塞"的意思与其他含义区别开来，从词源上来讲，其他含义均来源于"提供"这个意思。

"chance" 的各种含义主要围绕两个中心思想：（1）不知原因；（2）没有目的。

根据"限制"是否占主导地位，可将"term"分为两组。同时它本身也具有代数意义："复合量的其中之一"。

同样，"power"可以根据是主动的还是被动的，或者说是起作用的还是潜在的对其含义进行分组。

根据表达的是一个事物还是其性质，我们可以把"affinity"的含义分为两组：婚姻关系，一般关系（特殊的专业含义）；吸引力（化学含义）。

"mind"完整的解释应该是：

mind——物质和空间的对立面。可以分为感觉、智力和意志三个方面。同义词有 soul, spirit。

注释：前者指人类永恒存在的部分，与肉体相反；后者是人类本性的最高原则。

词义：

（智力）—— 思想、感想、信仰；回忆。

（意志）—— 选择、决心、意图。在《圣经》中，有时被认为是性格。

有一个关于词义的现象不可避免地会带来一些关于"从属"单词的问题。在许多情况下，可以看到，主要单词并没有直接给出其从属单词的含义，而是间接地、偶然地给出：也就是说，从属单词的词义并不产生于主要单词定义中包含的主导概念，而是产生于与其相关或由其产生的一些偶然情况或性质。例如，"casual"仅仅意味着"偶然的"，以往的用法中没有"有害的"或"不利的"的含义。但是由于偶然事件的结果通常是受伤或伤害到别人，所以在这种情况下，名词"casualty"就用来表示"意外的伤害"。

"air"的一个含义是"空气"。但是，由于暴露在空气中（如果干燥）可以除湿，动词"to air"就有了"干燥"的意思。此外，空气最显著的特点之一是它很轻，另一个特点是它的高度，所以形容词"airy"在比喻中表示"轻的""高耸的"。

"office"意思是"职位，服务，职责"。但是，一个人在他自己的岗位上通常是权威的，所以形容词"official"意味着"权威的"或"来自权威的"。此外，一个"穿着有点像权威人士"的人干涉他人事务是很常见的，"officiousness"和"officious"的意思就来源于此。

通常所采取的在词典中添加从属单词的方法——换句话说，区分名词、形容词、副词和动词形式的方法——会将上述事实掩盖。但是如果采用像斯托蒙思编纂的字典那样的单词分组方式，这种缺陷就能得到有效的弥补：选择一个主要单词，其他词排在其下，以此让最密切相关词"立即以加粗、加黑的形式呈现给读者"，而不是"分散在几页上"。它给我们带来了极大的帮助，没有人会不承认这样的改进所带来的价值。

以上就是关于词典处理词汇过程中的一些问题的讨论。为了完整地、令人满意地表达一个词，必须仔细注意三点——它的定义（或不用定义，视情况而定）、它的同义词和它的不同含义。每一点都需要精心处理，并且应该不遗余力地完善它们，使每个词的解释都尽量完整、准确。但遗憾的是，目前词典还未能做到这些。在某些方面投入了太多的精力，其他方面就无法顾及了。严重错误和缺陷仍然频繁出现，但可以修正，编写一本严格遵循逻辑原则的词典仍然是今天的当务之急。

第五章　教科书定义

前面关于词典的大部分说法同样适用于教科书，其中一个所犯的许多错误在另一个中同样明显。它们的很多做法都相同，例如，它们都用同样复杂的词去解释另一个复杂的词，都试图用定义对象进行定义，都不愿意用基本经验解释不可定义的词，都没有进行同义词辨析。例如，我随意挑选了一本标准的基础教科书，发现了这样的定义："tissue，'the substance or texture of all parts of organized bodies'；secretion，'matter secreted or separated from the sap'；negative properties，'qualities arising from the absence of other qualities'；ordinance，'that which is ordained，command，law'；symbol，'sign, token, emblem'；integrity，'uprightness, honesty'"。在另外一个系列的读物中，有："distinguish，'to mark, to signalize'；expectation，'the state of expectancy'；embossed，'covered as with bosses or protuberances'"。还有，这是对金字塔的生动描述——"a solid form on a triangular, square, or polygonal base, with triangular sides meeting in a point"。这真令人窒息！

适用于词典的方法都适用于教科书，而且这里比那里有更大的插图空间。

但是教科书也有一些特点是词典没有的，若我们想做出正确的评价，就必须把这些特点考虑在内。

1.在学校的读物中，单词的解释必须明确涉及具体的相关课程。这就允许使用语境含义和大量的例子来进行定义。例如，在初级读物中，诸如"conscious""nucleus""capitulate""indemnify"这样的词，如果不参考上下文的话很难解释，它们的含义需要在所属的段落中寻找。"gregarious"这个词最适合举羊群或牛群的例子来给年轻的学生解释，"convex"可以被恰当地描述为"形如橘子"。在课堂中，把"rotation"定义为"旋转运动，就像轮轴上的轮子一样"是最准确的了。

同样，注解者也不需要同时解释一个词的很多个含义，除非这个单词碰巧在某节课中要用到不止一个含义。例如，动词"ask"有两种完全不同的用法，取决于我们的目的是获取知识（或信息）或采取行动。在第一种情况下，"to ask"是指提出一个问题以获得一个答案，与"interrogate"同义。在第二种情况下，它有很多的同义词，相互之间都必须加以区分："request，beg，beseech，entreat，supplicate，implore；solicit，crave"。但是，在解释一种含义时，不需要关注其他含义。只需将注意力放在所讨论的情况上，并做好处理其他情况的准备就足够了。

同音异义词也是如此。如果在课堂中用"page"表示"一页书"，那么注解者就没有必要把它与另外一个含义完全不同的"page"（男侍者）区分开来。

2. 定义常常是不充分的。一部分原因是有时在上课时只能给出一个解释的同义替代，不然可能就不太合适了，学生消化不了更难懂的知识（例如，"the mean or average distance of the earth"和"elliptical or oval shape"，其中"average"和"oval"应该比"mean"和"elliptical"更容易理解）。此外，即使在课程一开始就给出了一个词的恰当的定义（在课程的结尾也许更好），但这个词可能太难或太专业，以至于我们只能给出部分解释。还有一部分原因是因为有时在定义中要留给老师一定的余地，以便在后续的课程中对其进行必要的补充。然而，我们一定要注意，书中的内容可能会有缺陷，但一定要很明确，不能模糊。最糟糕的事情就是让老师去消除教科书给学生们留下的误导性的印象，或者去纠正学生手中的权威的错误。

一个典型的例子如下：

在一节关于太阳的课中，出现了"luminous envelope"的表述，它被解释为"a covering filled with light"。"covering"既指"覆盖物"也指"包裹物"，如果我们接受第一个意思，那么上面的解释对学生来说就是很难理解的。因为覆盖物如何能被填满？如果我们采取第二种意思，那么就传达了一种错误的印象，因为包裹物通常是实物（例如纸、普通的"信封"、皮革，或者是别的什么东西——而不是定义中表达的东西）。而且按照定义，其内部是"光"，然而它真正的内部是黑暗的看不见的太阳体。它本身不发光，除了偶尔出现在我们望远镜和视野范围内的几个黑点之外，从地球上看不到它。因此对"luminosity"和"enveloping"的解释应该更加清楚，并且必须考虑预期读者的能力和智力。

在同一本书里，"comet"被定义为"a star with flowing hair"——至少可以说，这是足够隐喻的。

3. 在教科书中，有时一个词不得不在很多课程中重复解释。然而，只有当之前课程中给出的解释不充分，并且现在有机会（或特地）进行补充时，才应该这样做，而且它不应该仅仅是简单的重复，而应该有所改进。它遵循以下原则：任何课程都应该是循序渐进的，所讨论主题中使用的词语的定义也是如此。同样的词和短语不需要每节课都重复说，也不需要每节课都重复定义。而当我们需要再次进行解释的时候，应该在之前的基础上有所完善。

然而，实际上我们发现了有违反上述原则的不可原谅的情况发生。例如在一系列天文学课程（关于太阳、地球、月亮）中，有些需要解释的术语经常出现，如"luminous""diameter""obliquely""orbit""disc"等。如果这些词曾经被解释过（比如关于太阳的课程），那么在之后的课程中它们不应该再被解释了（比如在关于地球或月球的课程中）。若是需要重复解释的话，比如这个词很困难，那就很有必要找个机会重新解释它们，以便帮助学生们理解。但是，只要曾经给出了充分的定义，就不该再重复了。

4.如果我们要重复定义，我们就要保证可以完善原有的定义，保证可以比原来解释得更清楚。这个条件必须满足，不能越解释越模糊。例如，如果在一节课中我们定义"diameter"为"通过中心的长度"，那么就不能在之后的课堂中把它简单地说成"从一端到另一端的长度"，这就相当于用一个更不充分的定义代替一个不充分的定义。同样，如果"evaporation"被描述为"水通过加热转化为蒸汽，相反的过程是冷凝"，那么之后它就不应该以一种单薄的、匮乏的形式出现——"蒸发，形成蒸汽"。"quicksilver"，如果曾经被定义为"水银，一种金属流体，之所以被称为水银，是因为它像银一样洁白闪亮，像流动的液体一样迅捷活跃"，那么此后就不能简单地被描述为"流体金属，水银"了。还有很多这样的例子。

5.当课程中包括一些标准英文文章（无论是诗歌还是散文）的摘录时，应该清楚地标注所有被滥用或使用不恰当的单词。在最好的作家文章中，甚至莎士比亚的也不例外，词语使用不准确的例子也比比皆是。如果没有明确指出这种不准确的词，学生们毫无疑问地会接受它们，并模仿它们的用法，这对学生们是一种伤害，会使他们越来越混乱。例如，"remember"和"remind"完全是两个词，它们都有其各自恰当的含义。然而，莎士比亚在下面的文章中把前者用作后者：

Grief fills the room up of my absent child,
Lies in his bed, walks up and down with me,
Puts on his pretty looks, repeats his words,
Remembers me of all his gracious parts,
Stuffs out his vacant garments with his form;
Then, have I reason to be fond of grief.

我们都知道"speculation"的真实含义，但是麦克白在谈到班柯的鬼魂时说：

Avaunt! And quit my sight! Let the earth hide thee!

Thy bones are marrowless, thy blood is cold;

Thou hast no speculation in those eyes

Which thou dost glare with.

这里 "speculation" 表示 "'看'的能力，视觉"。还有，《亨利六世》（*Henry* VI, *Part* Ⅱ）中说："Sir, he made a chimney in my father's house, and the bricks are alive at this day to testify it"，这里 "alive" 的意思当然是 "存在"。

同样，当过时的词语出现时，或者当使用词语过时的含义时，这个事实应该被适当地记录下来。《以牙还牙》（*Measure for Measure*）中有如下段落：

No more evasion：

We have with a leaven'd and prepared choice

Proceeded to you：therefore take your honours.

Our haste from hence is of so quick condition，

That it prefers itself，and leaves unquestion'd

Matters of needful value. We shall write to you，

As time and our concernings shall importune，

How it goes with us：and do look to know

What doth befall you here. So, fare you well：

To the hopeful execution do I leave you

Of your commissions.

这里，仅在第三句中，就至少有三个词需要解释：我们现在不使用 "concernings" 这个词了，用的是 "business" 或 "affairs"；对于

"importune"，我们应该用"require"；对于"look to know"，应该用"expect to know"。同样，在前两句话中，我们要注意"leaven'd and prepared choice""proceeded to you""quick condition""prefers itself""needful value"。最后一句要注意"hopeful"。

在"ten thousand French have ta'en the sacrament, to rive their dangerous artillery upon no Christian soul but English talbot"这句话中，我们要注意到"sacrament"在这里用的是古老的拉丁含义"军事誓言"。

我们不需要再从其他途径寻找例子了，它们可以取自任何一位伟大的英国作家，无论是散文还是诗歌——米尔顿、华兹华斯、斯科特、拜伦、丁尼生；爱迪生、约翰逊、伯克、德昆西、麦考利、卡莱尔。但是这一原则非常清晰明了，不需要大量的例子来说明。

然而，不要忘记我在前面一章中所说的一些情况，如"king"这个词会在我们心中唤起忠诚和尊重感，或者"giant"赋予我们的敬畏感。在阅读课上指出这一点是有好处的，这样一来教师或注解者可以帮助读者走出词典，同时为修辞或更高级的写作方式铺平道路。

6. 我已经说过了教科书中未辨析同义词的情况。但是另外两个问题也需要注意——一个与同义词有关，另一个与同义短语有关。

至于同义词，注解者习惯于用完全相同的表达来解释两个或多个不同的词。例如，在之前提到的一个读物中，我发现"essential"在一个地方被定义为"没有它就不能完成"，后来，我发现"indispensable"的定义也是"没有它就不能完成"。此外，"festal"是"高兴的，快乐的"，而"jovial"的解释也是"高兴的，快乐的"。"innate"是"天生的，先天的"，而"天生的"也定义了"instinctive"。

现在来说短语。毫无疑问，让年轻的学生掌握一些恰当的短语是非常可取的，而且从文学的角度来看，在他以后的日子里，没有什么比改变陈述事实的方式的能力更有用的了，它对传教士、演说家、辩论家来说是不可缺少的，对每个受过教育的人都是如此。它具有提高智力和记忆力的价值。此外，它还能让老师了解学生是否真正理解了他所读的内容。但是它也有缺点，因此也有局限性。通常在某个语境中有且只有一个最佳的短语，用另外一个短语进行替换就相当于扰乱了句子间的和谐关系，弱化了这种组合方式的作用。完全同义的短语几乎是不存在的，同义词也是一样。一个短语的意思可能非常接近另外一个短语，但几乎没有出现过完全相同的情况，要是认为它们两个可以相互替换，那就大错特错了。

这样的同义改写等于褪去了它强大而又美丽的外表，等于用软弱、平淡的东西来代替那些令人愉悦的和和谐的东西。如果不能说这是从绝妙变为荒谬，那它至少是从诗意到平凡的退化。

7. 上述关于"改写"的讨论暗含着另外一个问题，即在基础读物中引入散文摘要或诗歌译文是否恰当？特别是引入乔叟的和莎士比亚的作品。当然，如果摘要和翻译做得好的话，它将非常适合写在教科书中。但如果做不好，后果也会很糟糕。

以乔叟为例，老式英语的难度是很大的，所以我们永远也不能指望学龄期的孩子能够掌握它。但是如果我们不能给予他们一些《坎特伯雷故事集》(*The Canterbury Tales*)中的财富，尤其是序言，那就很遗憾了。因为这些内容对那些不会再去更深入地了解英国诗歌之父的思想的孩子而言是极其宝贵的。对于那些以后可能会去拜读原著的孩子来说，这也是很有用的预习。

莎士比亚的作品也是如此。如果一个孩子离开学校时，没有对《理查三世》(*Richard* III)和《威尼斯商人》(*The Merchant of Venice*)有所了解，这将会是他的损失。和前一种情况一样，我们手中也有现成的资料。如果不能利用这些资料，那就是教科书的问题了。

8. 有时从本质上来说课程本身就是一个定义的过程，例如，当其主题是空气或水，或当它是一些关于动物或植物（马、狮子、橡树等）的描述，或当它是一段传记。在所有这些情况下，为了能够有效地教学，我们在处理相关事实和细节时应该严格遵循特定的方法，并且小心地选择需要讨论的点。

然而，目前的读物通常在这方面有很大的缺陷。例如在对狮子的描述中，它的外表、它的栖息地、它的地理位置分布，关于它的传闻，都被混合在一起，所以非常混乱。作者不知道哪些点需要讨论，不知道要将信息分类归于不同的名目，也不知道要按合适的顺序描述。结果是这一描述虽然引起了读者的注意，给他们留下了深刻的印象，但通常这种描述只是一种模糊的印象。关于实物的课程可能也存在相同的问题——需要选择合适的要讨论的点，需要找到合适的方法表述它们。

关于教科书的特点，我已经说得够多了（从文字处理的角度）。我也希望大家能够清楚地认识到，就合乎逻辑的定义这个方面，基础教科书并不比词典做得更好。两者都需要彻底的修订才能令人满意。严格遵守定义原则不管是在这里还是在那里都会很有成效。

第六章 哲学词汇

接下来说哲学，我们发现许多在各学派中盛行的争论都是关于词义的争执，而且许多体系都是建立在不好的词义辨析之上，如沃拉斯顿的道德体系。沃拉斯顿注意到很多道德的行为确实表现出了"真"（truth）的特征［一般认为是"假"（falsehood）的对立面］，所以他努力将道德缩小到这个单一的概念，如此一来也把"真"这个词的含义范围扩大了，从而掩盖了道德本身的特点。道德本质上是实践性的，与意志有关，而真理是思辨性的，它依附于理性。将道德的一些主要特点（强制、权威和义务）命名为"真"，或者将其视为理性的，这种做法没有一点好处，只会造成损失。同样，之所以一些理性道德家的理论看起来似乎是正确的，是因为他们对"reason"（理性）这个词进行了双重解释：一开始是"直觉"或"无意识的理解"这样的非英语含义，后来又引入更普通、更易理解但完全不同的观点，即把它视为推理的能力。同样，意识哲学只有通过扩展"consciousness"（意识）一词的含义，使它包括许多需要论证支持或用习惯、偏见和坚定的信念来解释的东西，才能保持它的立足点。所有人（无论是朋友还是敌人）都能证明，心理学目前最大的问题是其众多基本术语没有固定的含义。

在处理哲学词汇，特别是制作哲学词表时，习惯上是先给出一个明确、恰当的定义，即用属加种差的形式来表示，然后补充一些与所讨论的词有关的引文，这些引文可以来自不同的作者。然而，一般不会去对这些引文进行筛选或分类，或者使它们与定义相一致。更加常见的是仿照词典中的做法，按照字母顺序排列单词。

没有比这更令人不满意的方法了。哲学中的基本术语通常不能用一句话来解释。面对如此多的矛盾的用法，仅仅给出结果是不够的，我们也有必要给出原因。也不可能仅仅引用一段话就能表达出作者完整的想法，这样甚至无法表达出有他们真实的想法。这就相当于将这段话从上下文中抽离出来，让其自我解释。除此之外，将单词简单地按字母顺序排列是非常糟糕的。因为不仅那些本身没有任何联系的事物被联系起来，而且那些本身联系密切的事物都被分离了。

唯一令人满意的方法是，首先将单词按照它们所属的哲学分支（逻辑学、心理学、形而上学和伦理学）进行分组、排列，可以以一个单词为中心，从这个词出发寻找意思与之最接近或可能与之混淆的单词，然后分别以各自最合适的方法来处理不同组的词。这样做不仅有助于方法的统一，有助于读者更加清晰、正确地理解，而且可以节省空间，防止重复。一个词一旦被解释清楚了，就不需要再次提及（也包含一些很罕见的例外）。如果词表附有全面的索引，那么对学生而言是非常方便的，而且这么一来按字母排列的优点和分组排列的优点都能得以保留。

对于哲学词汇的定义，首先要注意到这里没有新的定义方法，也就是说，除了前面已经介绍过的方法之外，没有其他方法。此外，没有哪一种方法自己就足以恰当地解释哲学中任何主要的基本词汇，我们需要不同方法的组合——两种或更多种，视情况而定。而且，要注意到很多在词典中不太重要的方法在这里变得很重要，而且在一些特殊的情况下，其中一些方法有了新的转变。例如，历史定义现在变得特别有价值。然而，我的意思是，不仅仅是从历史上追溯一个词的不同含义，而且要从中得出一个明确的结论。因此，它是归纳定义的一种特殊应用，应当被视为归纳定义。而且这里归纳定义也有另一个特殊的应用，它以批判的形式出现。它没有对一些不同的、相对抗的观点进行全面和完整的讨论（这意味着需要无限的空间），而是进行批判，而且这种批判可以使我们得到肯定的结果。同样，分析定义和词汇辨析在这里也非常重要。举出对立面或进行对比的方法也是如此。词源也经常有很大帮助。

现在我要举例说明各种定义方法的组合，我将从以归纳（历史定义或批判定义）和辨析的方法为主的案例开始，然后继续讨论更复杂的组合。

1. 批判和辨析定义，以及对比。

这种组合的一个很好的例子是心理学词汇：

以"consciousness"这个词为中心，我们需要把与它相关的词汇"experience"（经验），"knowledge"（认识），"conviction"（信念），"attention"（注意），"perception"（知觉）分为一组，相互之间加以区分。

在哲学中通常认为意识是所有心理活动的基本条件，作为这一点的补充，通常也强调意识本身并不是与其他所谓的心理能力类似的能力，而是与心理活动和心理操作共存的东西。没有它，任何能力都无法运用。

这里的这种"能力"的说法已经过时了，除此之外这个概念本身显然超越了事实。虽然没有人会反对"心理活动在很大程度上是有意识的"这种说法，但是"心理的"（psychical）和"有意识的"（conscious）绝不是完全等同的，而且我们有充分的理由相信，许多心理活动都在意识的范围之外。自发行为就是一个例子，潜在的心理影响也是如此——如模糊的想法、潜意识等，或者是（从生理学的角度来说）"无意识思考"。而且，或许我们在"头脑中萌生的想法"这一现象中也能看到类似的心理活动。面对这样的情况，我们需要有一个不那么笼统、更加准确的定义。必须在"清醒的心理活动"（wakeful activity）和与此相反或不同的其他心理活动之间划一条界线，但其他心理活动必须是真实存在的——即使在我们清醒着的时候也可能进行，但我们对此毫不知情，直到看到或了解到它所产生的结果。这种清醒的心理活动就是意识——它的含义与"dormancy"（休眠），"dreamless sleep"（无梦的睡眠），"swoon"（昏晕），"insensibility"（麻木）相反，但不包括"death"（死亡）。死亡是指所有活动的停止，不管是有意识的活动还是无意识的活动。"死亡"的对立面是"生命"（life），这是一个比"意识"更广泛的词。"意识"就是"清醒"（awakeness），我们不能忘记它既指客观现象，也指主观现象。我们不仅可以意识到外在的事物，也能意识到内在的事物，精神和物质都可能对我们产生影响，都可以引起我们的注意。

所以，根据上述事实，我们不能认可这种定义。此外，这个定义建立在了错误的想法上。该定义称意识为心理活动的一个条件，但这种称意识为一个条件，或者甚至是一种伴随物的做法，其实就是忽略了一点，即意识就其本身来说什么都不是——它只是一个属名，一个具体含义只有在具体的有意识的经验中才能确定的名字。在我们意识存在的每一时刻，我们都处于某种确定的状态中，不管是全神贯注于思考，还是采取行动，或是感受感觉。但是无论这个状态是什么，它都只是那个特定的状态，而不是别的。状态和意识都不是具体存在的。这个状态就等同于意识，而且如果这个词还意味着其他东西，那就是现存于一个特定状态中的意识可能在下一时刻就处于另外一个状态。思考可以变为感觉，感觉可以变为意志，意志可以变为行动，等等。

与前述类似的一个错误是将意识视为一种"明亮的环境"，各种现象处于这种环境中并显现出来，从而可以被我们认识。这种想法非常普遍。"意识活动只是心理活动的一种形式（明亮或清醒的形式）"，这种说法是相当古怪的。但是，如果这种解释意味着意识超越了意识状态（很显然它就是这个意思），那么这就是错误的想法，必须抛弃。巴特勒在《个性论》（*Dissertation on Personal Identity*）中说，"意识不能构成我们的人格，而只让我们确定它"，这句话我们是不能认可的。

所以意识就是清醒。在了解了它的本质之后，为了方便理解，我们接下来把它与一些近似的、容易混淆的词进行比较。

意识有时被用作认识（knowledge）的同义词。但这种情况只有在使用提喻的时候才会出现，这里的提喻指用整体表示部分的一种修辞方法。认识只是智力的意识，而感觉和意志与智力一样都是有意识的元素。认识是一种呈现出精神集中的形式的智力的意识，当我们拥有无数种意识经验时，大脑会从中选择其中一种，同时忽略掉其他。意识可以分为辨别性的意识和选择性的意识，并且准确地说尽管前者也是智力的意识，但只有后者上升到了认知层面。就算我们把这个词局限到直接认识，问题也不会得到解决。这么做会导致整体所代表的部分现在甚至比以前范围更小了。如果范围增大了，只能是因为无理的语言扩展或滥用。然而，这种提喻用法似乎导致汉密尔顿和其他人错误地认为意识是建立在认识的基础上的。但我们可以通过"感觉"对这个观点进行充分的驳斥——一般来说，我们越专注于思考，就越不能意识到感觉，反之亦然。

同样，意识要与自我意识（self-consciousness）区分开来。严格地说，后者是矛盾的。如果除模式和表现以外，我们没有自我的直接意识，换句话说如果我们没有意识到自我，就更别说间接意识了。因此，费里厄的定义是不充分的："意识是指自我的概念。这种概念会变化，在人类中通常伴随着感觉、激情、情感、理智或精神状态。"此外，像这样一个夸张的概念是无法理解的："意识是思考它本身的纯粹的心灵。"只有当自我意识用来代表主体意识时，才是可理解的。它与客体意识是不同的——一个是我们关于内心世界的经验，一个是我们关于外部世界的经验。

哈奇森认为意识是他所认识到的仅有的两种感知能力之一（sensation，即感觉，是另一种），并这样定义它："一种内在的感觉、感知或意识，出现在所有的行为、感情和思想活动中，感知、判断、推理、情感、感觉都可以成为这些活动的对象。"在这里，它相当于后来哲学中所说的内省（introspection）。此外，哈奇森用这个词代替了洛克定义的沉思（reflection）。

同样需要反对的是将意识与信念（conviction）等同起来。这是哲学争论中一个非常常见的错误，尤其是关于自由意志（free will）的争论和关于外部世界的形而上学问题。信念并不是权威，这么做既可能是对的也可能是错的，既可能是没有根据的也可能是可辩护的，既可能是合理的也可能是荒谬的。但本该用意识的地方，却一直都在用信念（这可能是教育、偏见或习惯的结果，当然也可能是其他原因所导致的），这当然说不到点子上。

意识和注意之间也必须有所区别。注意只是意识的一种形式，它是"集中的意识"，虽然常常是一种主动的行为，但并不总是如此。与之相反的是（在康德之后）抽象（abstraction），它指从一个类或概念的不同元素中把相似的元素抽离出来的过程。所以，它与单纯的"清醒"是不同的。而将它用于其他用途并没有什么好处。然而，目前人们正在尝试将"注意"提升为属名，这么做有两个结果：一是"意识"的概念变得混乱，而"注意"本身也没有被严格地定义。

笛卡尔和他的追随者也曾使用各种各样的词作为意识的同义词，但是他们用的词与上述词不同，但也应该进行辨析。在笛卡尔本人的著作中，不仅思想（thought）被认为是意识的同义词，而且意识也经常被视为与知觉等同。关于"思想"这个词，后面说到理性（reason）的时候再谈。现在来说另一个词"知觉"，它具有很多不同的含义，如表示感官知觉或通过感觉获得的直接认识，或表示感官知觉中的智力的或客观的因素［区别于感觉（sensation），主观因素］，或表示与意志（一种心理活动）相反的被动的心理特性，但并不能进一步把它和意识等同起来。马莱布兰奇用"internal sentiment"或"inner feeling"来表示意识。"feeling"这个词已经表达了一个足够清晰明确的概念，但它只是意识的其中一个方面，若把二者混用则会产生混淆、引起歧义。

与上述情况类似，休谟也随意地使用感觉来表示意识——他曾说过，"自由学说的盛行可能要归因于我们对于自由的错误的感觉或表象的经验。"同样的情况也可以在亚里士多德那里看到，他认为"consciousness""sensation"和"sense-perception"是一样的。

还有另外两个这样的词，尽管它们不像上述词那样频繁地代替意识这个词，但也应该加以区分，它们是经验（experience）和统觉

（apperception）。统觉应该局限于自我意识（前面已经谈过），而经验是一个范围最广泛的词，它包括有意识的和无意识的经验。进化理论告诉我们经验是遗传的。然而严格地说，我们继承的不是经验，而是经验的结果。我们对生命和世界的认识在很大程度上不仅依赖于我们个人意识范围内的东西，还有我们从他人那里学到的东西。因此，经验必须扩展，要包含历史。但这还不够全面。在哲学中，通常经验和直觉是相对立的。这是两种认识途径的对立，换句话说，这是先天的认识和后天习得的认识的对立。在这个意义上，经验被认为是较低级的途径，直觉被认为是较高级的途径，或者换句话说，一个更加权威，一个不那么权威。尽管这种对比有一定的合理性，但人们还是很难理解。即使承认（正如我们所做的）直觉真理的存在，它们充其量也只能是真的，而从经验中获得的认识也是真的。把它们通过权威与否对立起来，既是一种含糊地使用"真理"一词的做法，又否认了真理（某些真理）本身是真的。

说了这么多，已经没有必要再说意识和感觉之间的差异了。然而里德的下面这句话说得比较模糊："为了避免这两个极端（精神化的物体和物质化精神），首先要承认我们所看到和感觉到的事物的存在，以及我们意识到的事物的存在。逍遥学派认为要从感觉中获得物体的概念，笛卡尔学派认为要从意识中获得感觉的概念。"

现在总结一下得出了什么结论。进行批判和比较的结果是，我们发现"consciousness"这个词最好通过对立和辨析来定义。当我们把它与它的对立面联系起来，当我们把它与最相似的词区分开来时，我们已经尽了最大努力使它变得清晰明了了。意识是一个属名（也许"共有名"更好），与它最接近的词是"awakeness"。但是，当我们把它说成是心理状态的条件，或者是伴随物，或者是启示者时，我们就错了。一旦划清了清醒和不清醒之间的界限，它只能是这两种心理状态，其他的理解都是混乱的，也是违背哲学的。

由此而来的一些结论如下。首先，如果意识是此刻清醒的状态，那么严格地说，它仅仅属于现在。属于过去的意识是荒谬的，属于过去的是记忆。但即使是记忆，也是一种属于现在的心理状态。同样，也不可能有未来的意识，我们能做的只是预测未来。但即使是预测，也是属于现在的意识经验。其次，如果意识是清醒，就它的存在而言，它超越了问题的范围。只有当它被当作一个证明者——一个直觉真理的证明者，且仅是它的证明者，对其他事物则不然，或者被认为与信念等同，争论才会产生。最后，我们能够理解笛卡尔观点——认识建立在意识之上。我不认为这个观点是错误的。毫无疑问，认识是建立在意识上的，但是其他东西也是建立在意识上的。因此，没有清醒就不会有感觉，也不会有目的性的行为。

2. 我们接下来说历史和辨析定义。

这里举的例子是心理学词汇"idea"。

直到笛卡尔时代，"idea"这个词在西方哲学中一直都使用的是柏拉图的定义。无论是在古英语中，还是在经院哲学时代的拉丁语中，它都没有心理学层面的含义。现在心理学的含义由"notio"（观念），"conceptio"（概念）或"cognitio"（认识）来表示，也有由"imago"（图像）来表示的情况，但出现较少。我们再来看西塞罗，他在《论神性》（*De Natura Deorum*）中解释"先天观念"（innate idea）为"所有头脑中印象深刻的概念"（in omnium animis notio impressa）或"一种与生俱来的天生的认知"（insita vel potius innata cognition）。而六个世纪后，波伊提乌在《哲学的慰藉》（*Consolations of Philosophy*）中给出了他的解释："人类共同的概念"（communis humanorum conceptio animorum）。

柏拉图认为"idea"是本体论的或形而上学的，它有两个特征。它既是客观的可理解的存在（永存不朽的），也是一种模式或典范。在第一个方面，它不可避免地涉及了流出说——尤其是当观念被认为（如有时在柏拉图对话中）是一个有效的原因时。回顾历史，它引起了瓦伦廷派、诺斯替派和新柏拉图派的一些变化。在第二个方面，它是神圣的缔造者设计和建造现象世界的模式或典范。这些典范在经院哲学时代发挥了显著的作用，它们在罗马天主教中的地位可能要归功于奥古斯丁的影响和传教。波伊提乌在《哲学的慰藉》中称它们为"想象"（imagine），但是他的理论主要是逻辑的，而奥古斯丁的则是神学的而且是教条的。

笛卡尔对这个词进行了彻底的变革，影响深远。他把这个词从柏拉图式的、形而上学的本体论含义变成了一种心理的目的（尽管在他自己的用法中并非没有出现过犹豫和矛盾），用它表示任何思想的对象（思想在他看来，是与意识是共存的）。而且，他的观点在英国也受到了洛克的认同，这个新的解释很快就受到了我们的青睐，并且现在在英国哲学中被普遍接受。

然而我们不能忘记，即使是笛卡尔本人，也对这个词有几种不同的解释，与知觉有关。它可以表示一个对象给我们大脑留下的印象，也可以表示由这种印象产生的心理的变化——介于大脑和对象之间的中间物，可以代表这个对象。然而，无论哪种含义现在都不会被使用，这是一种不准确的滥用。

那么我们把这个词局限在心理层面，看看这个词在缩小了应用范围之后是否清晰明了。即使在这个明确的限定范围内，它也至少包括了四种解释，如果缺少应有的辨析往往会引起混淆。（1）"idea"指概念——它由构思产生，通常用语言符号（口语或书面形式）表达；（2）"idea"是我们感官知觉的复制、映像或转述——它是描述性的想象；（3）它重述了过去的经验或印象——它是记忆或关于回忆的想象；（4）最后一种用法中，它既不能表示任何客观真实的事物，也不能重述过去的经验——它是一种纯粹的想象，一种富有创造性、建设性的想象。

在这四类解释中，第一类显然与其他三类完全不同。概念不是映像，映像是一个个体。虽然它也能传达思想，但是这个个体仅仅是一个具体的例子而已。这里概念也不能被称为描述。我们说它可以代表一些相似的个体，仅仅是因为一个一般概念可以代表任何一个对象而已。在这里，"ideal"这个词不是对于想象的描绘，也不是记忆的复现。

接下来说下面两组,"描述性的想象"和"记忆"之间有什么区别呢?两者都是我们的经验的复现。只要它是在合理的时间内关于真实的经验的复现,那么这两种情况都是真的(除非是有心理疾病或心理变态)。因为,可能有一部分经验不能在记忆中重现或在想象中描绘,可能有一些经验,一旦过去了,就永远消失了——我们有太多的经验,一些经验可能不再会像以前那样给我们留下深刻的印象。然而只要我们的经验(如感官印象或感官知觉)可以在记忆中复现(没有疾病、错乱,也不是在不合理的时间),或者在想象中描绘,我们必须承认它是真实的,就像是原始事件的复制一样。在这里"real"(真实的)和"ideal"(想象的)并不是对立的,后者可以表示一些前者无法表示的情况,只是不那么生动,不那么吸引人罢了。但是,除了这些相同点,它们确实也有区别。"记忆"的范围比"描述性的想象"更广。严格来说,后者局限于表示可描绘的事物,而前者不然。并且在记忆中总是有对过去的提及,换句话说,这种表述伴随着一种思想,认为原始事件是曾经发生过的,而在描述性的想象中没有这个意思。在记忆中,不能复现现在的或将来的对象,它处理的只是曾经存在过的事物。另一方面,描述性的想象伴随着一种短暂的想法,认为所想象的事物是存在的。这种想法与映像的持久性和清楚程度有关。因此,两者是不同的,尽管很多观点都认为它们只是同一事物的不同方面。

那么,创造性或建设性的想象是什么呢?它处理的对象与上述情况一样都来源于经验,但不一样的是,这里对于"遵照事实"这个要求不那么严格。相反,它恰恰行使了诗歌和美术的功能,也就是改变现实(贝恩教授补充——在某种强烈的感情的驱使下,或为了满足某种愿望或需求)。尽管它也有限制,但这些限制大部分是关于其他方面的,而不是关于它的真实性。在所有幻想的遨游中,在所有诗歌结构中,在所有艺术阐述中,甚至在所谓的科学想象(基于假设和类比)中,或多或少都存在一些与实际情况相反的理想化的东西。不管想象的什么,情况都是如此。无论它是为了吸引还是为了取悦,还是为了使我们的愿望更加崇高,还是为了(像在某些艺术中）迎合不道德的感官享受，还是试图有助于一些有用的发现或促进对事物内在本质和原因的探究，它都不仅仅是简单地重现。我们同样可以说它代表了某种特定的概念或有特定的目的。但在这里它既不是描述性的想象，也不是记忆，更不是概念。它的对立面（无论相对还是绝对）是"real"（真实的）。它的本质是去加工和创造。

这种想象有三个不同的种类，这里简单地提一下就够了。

第一种，它在我们醒着的时候发生，处于有意识的控制之下：这就是想象。第二种，也是在我们醒着的时候发生，但在一定程度上不受我们的控制：这是幻想或白日梦。最后一种，在睡眠中发生，就算不是一定也几乎不受我们控制：这是梦。除此之外，还要加上迷惑和催眠现象。

关于创造性的想象，我们还有一件事要做，必须区分"idea"和"ideal"（理想）。显然，所有的"ideal"都是"idea"，但是反过来不成立。"ideal"的定义特征是：在特定的领域中，它是事物可想象的最高状态的心理表征。在它激发我们想象力的同时，它也创造出我们对它的热情并会影响我们的实践——或多或少使我们一直努力地尝试去实现它。当然，这与它是否符合以下三个要求有关：①我们渴望实现它；②它所表征的对象（状态或事物）本质上是可实现的；③有理由让我们相信我们最终能够实现它。

举个例子。人类的完美（perfectibility）就表达了一种理想。那么它是怎样影响人们的？很明显，这与以下几个方面有关：①人们是否非常渴望这种完美——也就是说，它能否满足人们的愿望和需求；②它是否在人类的能力范围之内；③我们究竟有多么相信我们最终会实现它（全部或部分）。

这就是理想的三个条件。关于最卓越的理想的学科是伦理学，因为伦理学处理的是"应该"的问题，而不是"是什么"的问题，它通过美德、责任等来教促人们实践正义。

与想象（代表性的和建设性的）相关的还有一种心理状态，关于会在未来发生或重现的事物（无论是内在的还是外在的）。它就是"期望"（expectation）。第一种期望指希望和渴望；第二种指恐惧和厌恶；而第三种，对于希望和恐惧以及渴望和厌恶而言，是中立的。

总而言之。除了柏拉图的和相关本体论的含义之外，除了该词在外在知觉理论中的特殊应用之外，我们在心理层面对"idea"一词有三种不同的解释：①实际经验的印象（在记忆和描述性想象中）的准确再现——在这里理想（ideal）与现实（real）相对应，但绝不是对立的；②概念；③创造性地想象、运用和改变生活经验的心理活动，在这里，理想（全部或部分地）与现实形成对比。

现在想要再次命名这三种解释为时已晚。但是，如果这些本质不同的含义早就有不同的名字，那就很好了。概念（最好命名为"concepts"或"notions"）是代表，就像我们所说的在外国法庭的大使代表他的国家一样，它仅是代表，不是再现。莱布尼茨认为它们是象征性的，而不是直觉的（intuitive）——他认为直觉包括感觉、记忆和想象。另外，记忆（memory）是重现曾经存在过的事物，并且可以准确地表示原始事物。想象（imagination）是去描绘，在它的第一种形式中（希腊语，昆体良称之为 visio），它是一种复制（映像、重现等）。而第二种或更高级的形式（创造性或建设性的想象）与之不同。

3. 接下来我们将讨论历史并分析定义。

这种方法在下面这一对相关的形而上学词中得到了很好的例证：

我想，现在没有多少人会在这两个著名的词（subject-object）上重复库辛的赞美，并推荐采用它们，理由是"从简洁性、精确性和影响来看它们使用起来非常方便"。正是因为它们不再精确，它们才成为哲学上的一个棘手的难题。尽管它们的简洁性依然存在——没有什么可以剥夺其简洁性——但它们的效用和影响却被应用的多样性所束缚。

在经院哲学时代，它们的含义是可理解的、相对明确的。而现今情况完全不同。例如，在语法中"subject"（主语）和"object"（宾语）与句子有关，在逻辑学中命题的"subject"（主项）有着与之不同的含义，而在本体论中，"subject"与"substrate"和"substance"（物质）相同，其性质是固有的［就像它所说的，"思维是我们所有观念的主体（mind is the subject of all our ideas）"］。"subject"和"object"作为一对相关的哲学词汇有着丰富的含义。除此之外，通用语言（更不用说神学）也有它自己的用法，这里"subject"被认为是"person"（人）的同义词，而"object"指人的"目的""意图"或"计划"，有时也意味着人的"动机"。

毫无疑问，这里有一个很有权威的混淆用法。亚里士多德本人也犯了这方面的错误。在逻辑学中，他使用了一个独特的词"ὑποκειμευου"表示命题的主项，拉丁语表示为"subjectum"，在英语中用"subject"来表示。他把命题的对立面称为"ἀντικÉιμενον"，用拉丁语或英语来表示就是"objectum"或"object"。但是，不幸的是，在形而上学中，亚里士多德的用法不太精确，他的主要术语"oùσια"（物质）与形而上学的词"ὑντικÉιμενον"有着相同的含义，翻译成拉丁语就是"subjectum"，因此产生了混淆。

然而，希腊语和拉丁语都不必如此模棱两可，它们两个在表达思想方面都足够丰富。亚里士多德用"ὑπόσçασιS"表示他的形而上学中的"substratum"，在拉丁语中统一用"substantia"表示。西塞罗的词"essentia"（根据塞内卡的说法这是西塞罗的词，但昆体良认为这是弗莱维厄斯的）被普遍认为与"oùσια"相同。人们为了避免混淆做了很多努力，因此有不少令人生气的情况都得以避免。然而，混淆依然存在。"substantia""essentia""subjectum"都有其自己的发展历程，"subjectum"的历史绝不是三者中最不奇怪的。

然而，我们在这里主要关心的是"subject"和"object"这一对相关的形而上学词汇，因此，语法、修辞和其他含义不需要我们进一步关注。

在这方面，"subject"和"object"分别代表"我"和"非我"（me and the not-me, self and not-self, ego and non-ego）。但是，这些解释显然是不

明确的。因为，"subject"可以视为"思想"。在这种情况下，"object"可以是：①肉体——自己的肉体，它确实在思想之外，但是一个人的思想与肉体是不可分割地统一的；②肉体加上肉体外部的东西（包括其他的自我或智力以及物质对象）；③所有这一切加上心理现象，这些现象虽然是心理的，但在思考的过程中却被客观化了，这就是所谓的"主客体"（subject-object）。同样，"subject"可以被认为是复合的人，即"思想+肉体"，或生物。在这种情况下，"object"可能是：①生物个体之外的东西；②个体思想的"主客体"。最后，就像在外部感知问题中的那样，我们可以从客体中忽略"其他自我或智力"，而仅仅把它看作包括外部世界的可感知事物。如此一来"subject"是感知的思想，"object"是被感知的物质。

最后一种用法是最常用的，也是最复杂的。因为，在这种用法中"subject"和"object"有几个明显的特征，每个特征都会产生不同的含义。

"object"的属性主要有：①外部性，通过对运动能量的抵抗来认识；也表示外形和尺寸——同一事物的两个方面。这是普通人所理解的现实（reality）的主要组成部分。②持久性，与短暂和转瞬即逝的事物相反。③独立性，普通的，与特殊的或个体的相反。这种区分在很大程度上相当于亚里士多德对于"共有的"（common）和"特有的"（proper）之间的区分，以及洛克在物质的主要和次要性质之间的区分。④生动和突出的意识，而不是模糊的。

"subject"的相应属性可以通过与上述属性的比较获得。一个属性是内部性，同时意味着没有外延；另一个属性为它的个体性；心理状态的持久性也不如外在事物，而且这里的模糊的意识与那里的生动的和突出的也形成了对比。

当"subject"和"object"以形容词形式出现时，困难也会随之出现：①形容词"subject"和"object"的一些含义与它们名词形式的含义有关；②它们也具有自身特有的意义。

（1）第一个的例子是逻辑学的两大划分——形式和实质。形式逻辑经常被称为"主观的"（subjective），而"客观的"（objective）是应用于实质的名称。这是为什么呢？因为它们一个处理思想，另一个处理事物。这里，心理的和物质的相互对立。就像我们在处理科学的时候，把处理外在自然的科学归为客观科学，而把心灵科学归为主观科学一样。

同样，在逻辑学中，"判断"与"命题"的区别在于一个是主观的，另一个是客观的，它们是同一个的事物的不同解释。这是"外部"和"内部"的对比——一个心理事实和语言表达。

同样，"object"的外部性也会体现在主观观察和客观观察之间的心理对比中，前者通常被称为"内省"（introspection）。当然，从严格意义上说，两者都是主观的，因为两者都涉及观察的思想。但是我们需要不同的名字来研究在自我中表现出来的心理现象，以及研究与他人外部地表现出来的和历史上记录下来的相同（或者大概相同）的现象。可以认为上述区别对于达成我们的目的而言是有效的。

同样，我们发现，我们一部分的精神财富——它们存在于头脑中，虽然没有被使用，但我们知道当时机成熟时它随时能为我们所用——有时被说成是主观存在，而当我们把它置于清楚的意识时，它的存在就被说成是客观的。这是模糊的和生动的意识的对比，用"潜在的"（potential）和"实际的"（actual）这两个词表达可能会更好。

有一种情况非常令人困惑，那就是一件事同时被命名为主观的和客观的（甚至是由同一位作家命名的），并且两种情况下含义不是对立的就是完全不同的。

例如，康德曾经认为"understanding"是客观的，后来又认为它是主观的。还有什么更让人困惑的吗？他认为它是主观的，因为它不是"从外部通过感觉来的"，而是在"头脑中自发产生的"。而当把它看作普遍的和必要的，看作先验概念和智力的产物时，它是客观的——与感觉相反，感觉是主观的。

同样，以"truth"（真理）为例。当"objective"和"subjective"用于

描述 "truth" 时，要么它们是陈述 "真实" 和 "理想" 的对比，要么它们表示 "绝对的" 和 "相对的"，这只是表达 "普通" 和 "特殊" 的一种简洁的方式。或者它们的意思是——前者指依赖于外部权威的真理，比如来自一位大师未被证实之言，后者指根据自身的证据自己证实的真理。

这种解释可以让我们想起类似的神学解释，客观的（或者有时被称为肯定的）真理代表启示，而被揭示的真理，当它被接受、被统一时，当它不仅被公式化或简化为一个系统，而且当它的数据被用来检验哲学上确定的人类思维的一般原则时，被认为是主观的。

同样，在伦理学中，主观和客观用于描述 "rightness"。一方面，说一个人的行为在主观上是正确的，有两个原因：①受到责任的驱使；②他相信他所作之事是正确的。另一方面，客观的正确超越了主观的正确，并进一步假设有绝对正确的事情存在，它与人们的观念无关，也不由他们决定。

（2）通过这些例子我们可以证明，"objective" 和 "subjective" 不但有许多不同的含义，而且还有一些不合适的含义。为了更加完整地证明，我们下面说一个完全不合适的应用。

威廉·罗恩·汉密尔顿（William Rowan Hamilton）就是一个很好的例子。在他关于 "心理重现理论"（the theory of mental reproduction）的笔记中，他给出了相对律和综合律的解释，他的解释是这样的：一种思想可能很自然地就会暗示另一种思想。在这种情况下，思想是逻辑的或客观的，也称为固有的（intrinsic）。例如，光明—黑暗，上—下，生—死，在每一对词中，一个词都会暗示另一个——只要给出其中一个词，就相当于给出了一对词，但是其中一个词的对立面并不由另一个词决定。但是，根据心理联想的法则，一个想法可能会接替另一个想法。在这种情况下，这种连续性是心理的或主观的，也称为外来的（extrinsic）。

显而易见，这里的 "主观" 和 "客观" 相当不合适，因此使用它们没有任何好处。当 "客观" 与 "固有的" 相一致，"主观" 与 "外来的" 相一致时，会更加混乱。

我们也可以举出关于汉密尔顿的其他类似的例子。事实上，汉密尔顿的作品是各种词汇的用法大全——既有过时的用法，又有被采纳的用法；既有合理的用法，又有词汇的滥用。

面对所有这些摇摆不定和相互冲突的用法，我们能做些什么呢？只有一件有效的事可以做：研究"subject"和"object"这两个概念的分析，让这种分析严格指导名词及其相应形容词的使用。这里含义的堆叠违反了第一章中规定的"综合定义"的所有规则。因此，我们需要禁止使用这些不合适的含义，拒绝在已经存在其他词的情况下使用这些被滥用的词，避免受到它们的误导，并且能够表达所要表达的东西。

4. 一个常见的方法组合是辨析和分析，可以带有批判也可以不带。

这在诸如"happiness"和"sympathy"这样的伦理学词汇中可以看到。

"happiness"是伦理学中用来表达人类最终目的的三个词之一，每个词都有其特殊的含义，尽管某些作家倾向于把它们作为同义词。这三个词是"pleasure""happiness"和"blessedness"。

借用费里埃的一句话，"pleasure"是"感官的快乐"，仅此而已。毫无疑问，它意味着智力或理性的运用，而且毫无疑问，它是一种在审慎指导下的愉快的感觉，受"不过度"原则的控制——然而，它本身只不过是快乐的感觉，是个人的和自我的，独立的和排他的。因为，即使承认在努力获得快乐的过程中，我们必须尊重他人的感受和利益，然而我们总是优先考虑满足自身的需求。因此，我们的行为所呈现的无私和利他的一面总是以某种自顾的形式出现。

然而，这并不意味着"pleasure"是许多人暗讽的低贱、卑劣的东西。感官的快乐既不等同于肉欲的满足，也不等同于过度享受。相反，它禁止过度，并建议适度。享乐主义哲学往往会把感官享受作为道德标准，来宣扬不道德和邪恶的行为，以此获得轻松的胜利。追求快乐之路不该是不道德的，快乐不是"犯罪的诱饵"。享乐主义最糟糕的一点是，把快乐作为最高境界的人只把人看作是受感觉支配的人。这么一来就限制了他的感情范围，使他成为自己的中心。

现在来说上面提到的第二个词。与"pleasure"相比，"happiness"的范围要广得多，它本身也是一件复杂得多的事情。它不局限于纯粹的感官享受，而是包括各种各样的享受，它既是利他的，也是利己的。许多属于人的因素现在开始发挥作用。即使作为一个个体，人类也被认为拥有许多快乐的源泉，而且不仅仅受制于"审慎"的原则，而且还受制于"理性"这个最高原则。即使作为一个个体，人也有智慧和良知。而且，当一个人被视为一个社会存在或社会成员时，他的同情心得到了广泛的延伸，这为他的活动开辟了新的领域，也为健康的生活和灵感提供了新的入口。他现在过着两种生活，而且两种生活是一致的。他为自己而活，也为他人而活。当第一种生活在没有被毁灭的情况下融入第二种生活时，生命的流动被认为是最自由和最充分的。这才是真正的 eudæmonistic 悖论，即为他人而活就是为自己而活。

那么，让我们看看"happiness"的特征。它们有很多，但是主要可以归结为以下几个方面：

①它既利己又利他，只有两者共存时才完整。②它不轻视感官享受，但也不依赖它。在复杂的幸福河流中，它不会允许只有"pleasure"这一股水流存在。③它不仅仅拥有外部优势。因为，虽然它确实受到外在环境和条件的影响，但绝不完全依赖它们。相反，它能（在一定限度内）超越逆境和不利的环境，并能通过精神的愉悦来抵消身体的不适。④然而，身体健康（没有疾病）是首先要考虑的事情。⑤它还依赖于智力启蒙和教育。因为在这一点上，不能说"无知是幸福"。⑥构成它的一个重要因素是伦理或道德因素，表现为良知和不悔的精神。⑦仁慈，或情感的无私，是它的另一个非常突出的特征。亚当·斯密甚至说，"人类幸福的主要部分"由此产生。⑧持续时间隐含在它的概念中。因为，正如亚里士多德所说，"如果一只燕子或一个晴朗的日子不能带来春天，那么一天或任何微小的

时间段也不能造就一个幸福或快乐的人"。而另一方面，"pleasure"在任何时候都是完整的。马克·帕蒂森说："作为一个完整的事物，在任何时候都不可能找到一种要通过持续更长时间才能变得完整的快乐。"⑨它受到"理想"的刺激、煽动和滋养。

"blessedness"又有什么不同呢？我认为区别是，除了上述因素，它还包含宗教因素。这个词在拉丁语中表示为"beatitas"或"beatitudo"，并且具有完全相同的神学内涵，正如我们所知，"beatitas"和"beatitudo"是西塞罗创造的词，它们表达了其他拉丁语词汇所不能表达的含义——从神的不朽的角度来看，它们表达了神的幸福和无与伦比的"μακαρία"。当它们开始应用于人类时，它们表明了人类的幸福与其天生的本性和不朽有关的事实。对于英语的"blessedness"一词，我也是这么认为的。在伦理学中，它意味着人首先是一个宗教存在，注定有一个永无止境的未来——人不仅仅是有智力的和有道德的，而且是有精神的。那些接受它的人因此表明他们把伦理从属于宗教（当然，不一定是基督教），他们的立场假定了自然神学的两个基本教义——"上帝是给那些努力寻找他的人回报的人"。他们的观点恰恰是圣安塞姆（Anselmo St.）在《上帝何以化身为人》（*Cur Deus Homo*）中阐述的观点。在那里他坚持认为"人被创造为正义的，他可能被上帝的幸福保佑"。或者是韦斯敏斯德神学家的观点，他们告诉我们"人的主要目标是赞美上帝，永远爱上帝"。或者是托马斯·卡莱尔（Thomas Carlyle）在《衣裳哲学》（*Sartor Resartus*）的一些段落中阐述的观点。他说："人类中有一种高于对幸福的爱：没有幸福，他也能活下去，反而会找到幸福！圣贤、殉道者、诗人和牧师，在任何时候都曾发表过言论，遭受过苦难，难道不是为了宣扬这种崇高吗？通过生与死，见证了人的神性，在神性中，他怎么只有力量和自由？哪一个上帝启示的教义你也很荣幸被教导；哦，我的天啊，我被多种仁慈的苦难打碎了，直到你悔悟并学会它！哦，感谢你的命运；谢天谢地，还剩下什么，你需要它们；你内心的自我需要被消灭。通过良性发热，生命根除了根深蒂固的慢性病，战胜了死亡。在时间咆哮的波涛上，你没有被吞没，而是被高高地带到永恒的蔚蓝中。爱而不是快乐；爱上帝。这是永恒的，一切矛盾都被解决了：不管谁在那里行走和工作，都是好的。"

这三个词（pleasure，happiness 和 blessedness），当用于最终的道德目的时，可能很容易区分。它们每一个都表示某种目的——享受、满意或满足。在这方面，它们所代表的东西只有程度的不同，第二个包括第一个，第三个包括第一个和第二个。但它们在复杂性、持续性或持续时间方面也有所不同。"pleasure"本身是自私的和排他的，并且仅仅暗示了人类感觉的存在（以及运用它的机会和手段），它是由审慎所引导的，而"happiness"增加了理性和道德的元素。"blessedness"除此之外还包含了"正义"的特点（在中世纪的"justitia"的意义上），以及对上帝作为人类的创造者和最终归宿的理解。

如果现在我们问被视为最终道德目的的"happiness"和"virtue"之间的区别，我们会发现答案如下：

第一，那些倡导美德（virtue）的人承认人类本性的两个原则，即利己的和利他的（过去被称为自爱和仁慈），但他们最重视的是一种对他们来说是人类所能想象的最高境界的道德的品质；而那些倡导幸福（happiness）的人同样承认这两个原则，但是比其他人更重视自爱或自我。后者主张每个人都应该有一个人的价值，且任何人都不能有超过一个人的价值。而前者认为，一个人不应该把他自己看作一个人的价值，而应该"让彼此比起自己更尊重对方"。第二，美德的拥护者并不轻视幸福——相反，他们很重视它。但是他们坚持认为，幸福不能用数量衡量，而应该用品质。幸福的拥护者则站在相反的立场上。他们说，美德最好的试验是数量，而不是品质，美德只有使人类幸福和快乐增加的时候才有价值。因此，可能其中一类人的座右铭是"最好的幸福"，而另一类人的则是"最多的幸福"。第三，这两个词的应用领域是不相同的。幸福比美德广泛得多，它包括许多元素（如身体健康的、智力的、有关享受的等），这些元素严格来说是非美德的，或者不会上升到美德的高度，除非在罕见的特殊情况下。

除了幸福和美德，还有另外两个词通常也被认为表示最终的道德目的，但是两者都不适合。它们是"wellbeing"（包括 well-doing）和"perfection"。目前，习惯将"wellbeing"与幸福相结合，而"perfection"与美德相联系。但是，很明显，"wellbeing"是一个既能表达美德又能表达幸福的词，而功利主义者和直觉主义者一样，可能宣称"perfection"是他们的目的。无论是"wellbeing"还是"perfection"，都没有什么特殊的地方。而且，试图将"perfection"视为一个不同于美德和幸福的目标是不会以任何方式成功的，没有这两种含义的"perfection"是不存在的。

与"sympathy"分在一个组，且需要与之进行辨析的包括以下几个词：sympathy（同情），compassion（怜悯），generosity（慷慨），friendship（友谊）和 gratitude（感激）。

其中，同情、怜悯和友谊都包含一点，即它们属于我们的本质中的社会性或外在的一面。它们本质上都是利他的，且让我们脱离自我。如果我把自己想象成一个独立的个体，与他人分离或断绝联系，那么我就是某种愉快和某种痛苦情感的主体。但是这种情感既不能被称为同情或友谊，也不能被称为怜悯。但是一旦引入无私、社会性或仁慈等概念，这些复杂的情感就会立即显现出来。这三种情感都以个人或自我为前提，没有它们就无法存在，但它们也包含对他人的快乐和痛苦的某种感觉——对他们的生活环境、兴趣和生活状况的感觉：它们脱离我们自己，暗示着与我们周围的人的关系。

接下来对这些词进行辨析："sympathy"（σνμπάθενα，拉丁语为 humanitas）是对众生的同情心，并且使我们与他们产生联系，使我们在他们的快乐中与他们一起快乐，在他们的悲伤中与他们一起哭泣——换句话说，我们分享我们的幸福，我们承担他们的负担。因此，它依赖于某种想象力——依赖于向自己呈现他人的情况和处境的能力，和使我们自己进入这些情景并使这些情景成为我们自己的情景的能力，而且这种想象力与感情的强弱有关。"compassion"（从词源上来讲相当于希腊教会拉丁语中的σνμπάθενα）同样依赖于这种想象力，并且确实是与同情相同的感情——只是它仅限于痛苦和苦难。"relief"这个概念在这里也很突出。它是温柔的，是一种主动的帮助，在新约希腊语中表示为"εὐσπλαγχνος"。"pity"，严格地说是"compassion"的同义词。但是，在一般的用法中，它类似于蔑视——在这种情况下，我们指的不是怜悯，而是温和的恶意，或者说是优雅的恶意。

如果不是因为亚当·斯密的理论，不是因为一些通俗的用法，就几乎没有必要去强调同情与道德认可完全不同，前者也不一定会产生后者。

当我说"I sympathize with a movement"时，通常会被理解为我赞成它。史密斯认为道德认可是同情的结果。但是肯定有许多事情虽然我们同情，但我们并不赞同。例如，我会同情一个因自己的不当行为而陷入屈辱境地的人，尽管我完全同意这种屈辱作为一种公正和正义的报应。我们会向被定罪的重罪犯表示同情，即使我们承认他的命运是公正的。总的来说，同情是一回事，认可又是另一回事，它们不需要以任何方式作为原因和结果联系在一起。的确，在许多情况下，这两者是不可分割的，同情就是赞同，赞同就是同情。人们也许会承认有时候强烈的同情会使我们产生认可被同情的对象的倾向（尤其是当我们倾向于为朋友的过失和错误寻找借口的时候），但这与说它们相同，或者说其中一个是另一个的必然结果是完全不同的。

同情和慷慨（generosity）也不是一回事。两者的确都是利他的，都是"亲切的"的美德，但是后者本质上是"大方的"，它常常是免除债务和给予利益。它在对象身上产生的情感是感谢或感激。

那么，"friendship"（友谊）是什么呢？和其他的一样，它是一种和善的情感。但它进一步意味着人们之间的相互信任，有共同的爱好、性格和感情，以及没有怀疑或不信任。这像是一种音乐的和谐——和弦的和谐振动。它既不是基于对朋友内在价值或美德的了解，也不是基于对自己的快乐或利益（帮助、保护、好处等）的考虑，而仅仅是基于共同的性格、情感和喜好（根据"一切事物都喜欢与自己相似的事物"的原则），以及互惠的行为。因为，如果友谊来源于美德，那么［正如莱利斯（Laelius）在《论友谊》（*De Amicitia*）中所坚持的那样］，只有好人才能是朋友。然而，日常经验表明，最温暖、最亲密的友谊常常存在于罪犯和坏人之间。亚里士多德确实在《尼各马可伦理学》（*Nicomachean Ethics*）中否认坏人可以成为朋友，后来他把它建立在这样一个原则上（肯定有足够的争议），即"坏人不会以彼此为乐，除非获得一些好处"。这一切都建立在一个悖论之上，"坏人甚至对自己也没有友好的感情，因为他没有什么可爱的地方"。

另一方面，如果个人美德是友谊的唯一来源，那么品德更加高尚，更受青睐的那些人就不会对不如他们的人保有友谊了，只能是那些人对他们的友谊。此外，除非双方的利益发生冲突，友谊永远不会受到干扰。尽管我们知道，除了利益冲突之外，其他原因可能也会产生隔阂，并破坏牢固的纽带。例如，性情的差异，原则（比如政治或宗教）不一致，对追求的目标存在分歧。我们可以像亚里士多德那样说，"动机功利的友谊是肮脏的友谊"。

完美的友谊可被定义为西塞罗所定义的那样："所有人都完美一致，伴随着友善和爱慕"。友谊是完整还是残缺，稳定还是脆弱，取决于这种一致性的完美程度。

如果现在我们问友谊和同情有什么区别，我们会发现它们是：

首先，在友谊中，尊重和温柔的感情是相互的。而同情则不然，以及怜悯和类似的感情。其次，同情的范围比友谊的范围更广。只要本质相同，甚至是有相同的感官体验，足以唤起我们的同情心。即使是野蛮的生物，和人类一样，也会使我们同情。但是，友谊需要的不仅仅是这些，它还需要品味、气质、性格、思维方式的相似。朋友，是另一个同一体，第二个自我。最后，同情（如果它不仅仅是一种短暂的冲动）会根据我们对对象的看法而增强或减弱：当我们知道他的痛苦是应得的，比如他自己应该受到公正的谴责，这时同情就会减弱，虽然不会完全消失；当我们知道他的痛苦不是由他自己的错误的行为导致时，同情就会增强，虽然它不是根据这个原因产生的。然而，友谊则不然。它基于这样一个事实，即朋友拥有吸引我们的品质，并且我们相信我们的爱或忠诚是相互的，有回报的。正如谚语所说："朋友永远相爱，兄弟生来就是为了逆境。"

友谊要与感激区分开来，因为后者有时被认为是前者的一个种类，或者是前者的一个结果。出于同样的原因，它可能被称为同情、怜悯或慷慨的种类或结果，因为它们都可以产生它，就像友谊一样。严格来说，感激产生于所得的益处（不管动机是什么），并产生对给予者的爱慕，在合适的时候愿意为他服务或帮助他。因此，它本质上是对受恩惠或依赖的态度。它经常伴随着上级和下级、施惠于人者和接受者的关系（无论如何巧妙地掩饰）。而友谊中没有这种关系。或者，更确切地说，这不是友谊的本质，而仅仅是它的附属物。

第七章　哲学词汇（续）

5.我们继续来说定义方法的组合，接下来讨论的是历史和批判定义，我们会举出对立面，并借助词源。

心理学中的一个例子是 intuition.

"intuition"（直觉），像大多数其他类似形式的词一样，有三种含义——表示一种能力、一种行为、一种结果。事实上，有时它被称为"特别概念"（与"常见概念"对立），有时被称为一个人的想法。但是，确切地说，所有的概念都是一般的或普通的，因为它们都涉及类或类型。而"想法"这个词（正如我们已经看到的）已经有了太多不同的用途，所以如果可以不用它，我们就不愿意使用它。所以，最好保留这三种应用，而不是引入更多的歧义和混淆：因为在这些情况下歧义都不是很大，而且我们有短语"intuitive knowledge"（直觉认识）来表示（在需要的地方）结果，有动词"intuit"（凭直觉知道）和"envisage"（想象）（也许它们都不是很悦耳）用于表示行为。

这个词的基本含义遵循词源，字面意思是通过眼睛看——视觉感知：如果我们对经典用法中的"intueor"和它最近的同义词"contueor""aspicio"等进行区分，我们应该说，"intueor"指注视，而不仅仅是看，用英语表示为——view, gaze, look at, grasp, take in。因此，我们发现"intueor"不能正确翻译希腊语中的 òράω，θεάομαι，βλÉπω 等词，而应该是 ÈμβλÉπω，àEEνιζω 等。同样，当第一次被运用到哲学中时，视觉感知用来表示动词"intueor"，同时它也是名词"intuitus"和"intuitio"的突出的含义。然而，现在它的中心含义是立即出现，而不是认真的观察，它的对立面是想象和记忆中的重现和描述。

那么，现在如果我们问什么是直觉，我们得到的答案是：对实际呈现在眼前的事物的理解或辨别。一方面，它区别于记忆中重现的事物或想象中描述的事物；另一方面，区别于梦和幻想。

但是，在当前的哲学中，难道没有更多不同的含义吗？当考虑外部世界的问题时，毫无疑问是有的。直觉后来被用来表示对所看到的外部物体的直接知觉，它的对立面是介于感知者和被感知者之间的想象——被感知者不再像记忆中那样不存在，或者像想象中那样不真实，而是真实存在的，但是超越了意识的范围。汉密尔顿将这种对比命名为"呈现"（presentative）和"描述"（representative），他在《里德作品》（*Reid's Works*）中详细谈论了它们的特点。

一般来说，视觉感知和感觉感知之间只有一步之遥。因此，直觉经常被用于表示外部的直接知觉，不管它来自什么感觉——不管是通过眼睛、肌肉感觉、运动能力还是触觉。约翰逊博士提出的著名的和有特色的对伯克利的反驳就是关于这个问题的，自约翰逊时代以来，类似的反驳也屡见不鲜。

现在，直觉是外部知觉。但是知觉也是内在的，我们可以凭直觉感知心理现象和心理事实，也能感知外部物体。这样，对意识主体当前情感的直接认识有时（尽管滥用）被说成是直觉的——如在某时刻感到热或冷、饿或饱、痛苦或高兴。还可以加上对事物的次要品质的感知，老普林尼经常使用"理解"（intellectus）一词表示这个含义。

莱布尼茨区分了直觉认识和象征认识。后者是通过概念获得的认识，这个概念——作为普通的、一般的、普遍的——既不是一个客观对象，也不是想象中描绘的事物。它是通过对个体比较和抽象而获得的，并固定在符号中。前者指的是立即呈现给感觉的东西，或者在想象中描绘的东西，它的对象总是一个个体。关于概念，我们必须进一步了解清楚（clear）和独特（distinct）的区别。"若一个概念是清楚的，则我们能够把它与其他概念区分开来。若一个概念是独特的，则我们能够把概念的几个特征或组成部分相互区分开来。"这是来自笛卡尔真理标准学说的补充。但是这个区别可以追溯到早期的哲学中。

这里必须提到康德。在康德体系中，每个个体的知觉都是一种直觉，它的两个一般状态（两种感觉形式）是空间和时间。它在德语中称为"anschauung"，亨利·朗格维尔曼塞尔（Henry Longueville Mansel）在他的《逻辑序言》（*Prolegomena Logica*）中给出了它的定义："'intuition'被包含在德语'anschauung'的范围之中，包括所感知（外部或内部）和所想象的事物；简而言之，每一种意识行为（其直接对象是个体、事物、状态或心理活动）都存在于空间和时间里。"

在神秘哲学中，直觉进行了一次超然的飞跃。它现在表示对绝对的或无条件的事物的直接理解，有时会用一个限定性的形容词来区别——如雅可比和谢林的"理性直觉"或"智力直觉"。当然，这与基督教所说的"信仰"（faith）完全不同。基督教的"πιστνζ"，尽管有时被认为是直觉的，但并不是泛神论的，即使它这样写（在给希伯来人的书信中），"τòν vàρ àóρατονωζ òρων EκαρτÉρησE"，"因为他忍耐着，如同看见那无形的主"。

现在，我们来回顾所有这些用途，它们有什么共同之处？除去最后一个（它很罕见），它们都暗示着一种"注意"的行为，它们处理的都是个体，它们都认为从直觉中获得的知识是直接的、存在的，因此是毋庸置疑的。

但这并不详尽。除此之外，这个词也用于一些原则之中，它在伦理学中有特殊的含义。

在伦理学中，直觉意味着对行为的品质或性质的直接知觉——例如，行为的对与错，行为的善与恶，行为的优缺点，道德败坏或道德高尚。显然，这既不同于对外部物体的直接理解，也不同于对心理状态或事实的直接感知。它也不同于应用在原则或判断的直觉。这里的直觉指的是某些不言自明的命题（因为命题和判断只是同一事物的不同方面，而原则只是一种特殊的命题），这些命题在数学、形而上学和伦理学中都是相似的——如几何公理、因果关系原则、良知准则。直觉现在还被叫作常识（common Sense），或者叫作理性（reason），因此，包含它的原则被称为（尽管并非没有来自某些方面的抗议）——"第一的""根本的""基本的""先天的""先验的""本能的"。然而，这里的理性不能与智力层面的（或介于它们之间的）理性混淆，它是克里克人和康德所说的"vernunft"，也是圣奥古斯丁所说的"ratio"，它是这样定义的——"quidam mentis aspectus, quo, per seipsam non per corpus, verum intuetur（心灵的某些方面，现在，非肉体，真觉）"。里德正是因为采用了介于两者之间的用法，所以认为常识和理性是冲突的，需要做出改变。他甚至在某个地方反对这两者，并带着质疑说："因此，我倒认为这也是好事，既然我们不能摆脱外部世界的庸俗观念和信仰，就尽可能地改变我们的理性；因为如果理性对这个枷锁如此厌恶和烦恼，她就无法摆脱它；如果她不是常识的仆人，她必须是它的奴隶"。

这样，一个直觉的原则，或者说一个靠直觉理解的原则，是一个不言而喻或不证自明的原则，因此，它是不可反抗的或绝对令人信服的。换句话说，我们本能地默认了它的真实性，没有丝毫的怀疑或犹豫。布朗这样对它定义——"一个基本的命题，它的证据可以在自身中找到，或者说因为我们几乎不可能怀疑它，所以我们相信它"；他认为"直觉信仰"是"直接信仰"，与"推理而来的间接信仰"相对立。当然，布朗的话在这里不是很有哲理性，也不是很精确，而且"直觉信念"这个短语可能会有特殊的例外，因为直觉是直接的，信仰是间接的，所以这个短语确实是矛盾的。但是我们可以把这个短语理解为省略了一部分内容（事实上就是省略的），那么"直觉信念"就表示为直觉的必然结果的信仰。

那么，分别适用于对象、品质和原则的直觉是什么呢？对于对象，总是存在一个个体（心理意识状态或外部存在）被直接感知或理解。就品质（道德的）而言，不存在个体，但知觉依然是直接的。同样地，在原则中也不存在个体，但是仍然有直接的理解或知觉。在所有情况下，都包含着赞同、信念或信仰。

直觉的标准或检验通常包括三个方面（参见布朗，同上）：直觉是普遍的、直接的和不可反抗的。现在我们看看这些检验，如果可能的话，尝试确定它们的有效性。

严格地说，普遍性意味着没有例外。例如，一个属特征被认为是普遍的，因为它适用于该属的每一个种。汉密尔顿在《里德作品》中似乎把普遍性作为常识的标准。"当一种信仰是必然的时候，"他说，"它是普遍的。其普遍性是其必然性的一个标志。然而，为了证明必要性，普遍性必须是绝对的；因为相对的普遍性只是一种习俗或教育的结果，尽管人们可能认为他们确实遵从了自然的指示。"但这种普遍性是不存在的，即使假设它确实存在，也不能绝对严格地加以确定。这里最有可能的是"普遍满足"，但我们都知道，其价值在很大程度上取决于被排除在外的那些例外的种类或特征，因为真理往往掌握在少数人手中。所以普遍满足充其量只是一种补充，可用来帮助确认，但单独来说没有任何作用。此外，检验需要以辩论的方式应用。维尔莱乌斯（Velleius）在《论神性》（*De Natura Durum*）中就这么应用它，目的是证明上帝的存在、幸福和不朽："de quo"，他说，"Omnium natura consentit, id verumesse necesse est. Esse igitur deos confitendum est. . Hanc igitur habemus, ut deos beatos et immortales putemus"。但检验需要辩论这一事实本身就足以证明它并不能绝对令人信服，并不能达到预期的程度。

第三个检验，不可反抗性（irresistibility）也一样。它表示了一种自明性（self-evidence），或者说它是自明性的结果。但是这里的自明性也只是推断出来的，人们从其结果中推出它有自明性。此外，由于很多原因可能会产生同样的结果，所以自明性并不像最初看起来那样强大。众所周知，许多信仰是不可反抗的，一些源于自然的偏见，一些源于教育，一些源于习惯，还有一些来自传统或对权威的尊重。而且不要忘记，有些所谓直觉——长久以来一直被重视、被接受——已经被证明是"幻想"。此外，推理的不可反抗性与直觉的一样，就如我们相信原则或命题包含的真理一样，我们对从正确的前提中得出的结论也是肯定的。

唯一真正重要的、适用于原则、品质和对象的检验，是第二个，即直接性（immediacy）；而且，由于直接性有两种，所以检验有两个方面，或者说有两种应用。直接性意味着：①直接或独立，与间接相对立；②它指的是时间——在这种情况下，它与即时性、快速性是一样的——其中也包括容易或简便。

关于直接性，直觉通常与"thought"对立。那么这个词是什么意思？

"thought"是一个模糊的词。其最广泛的含义（省略笛卡尔意义，笛卡尔通常将它与意识等同）包括"知觉、构思、记忆、想象、判断和推理"。换句话说，它完全涵盖了"智力"（intellect）的应用范围，智力是"头脑"（mind）的其中一个方面［另外两个方面是意志（will）和感觉（felling）］。从狭义上讲，它仅包括上述词中的三个，即构想、判断和推理。在这里我们要采用这种狭义的解释，且把知觉、记忆和想象归为直觉。尽管想象和记忆中的映像是描述性的，但是它直接呈现给意识，我们能立即直接地理解它。而我们通过判断和推理（推理、演绎、论证）以及通过构思获得的知识是间接的、相关的和非独立的。例如，我们在三段论中得出的结论不是直接得出的，而是通过中间项得出的，在头脑中唤起的一些用属名表示的概念并不是指个体，而仅仅是一种类型或某个种类中的一个例子。

所以，直觉是直接的，思想是间接的。我们能由此推断出两者的相对权威性或优劣性吗？我们能不能说，一个是直接的，所以值得信赖，而另一个是间接的，所以不能信赖？许多人肯定了这一点，但不是很充分。它们两者都建立在一个重要的构成原则上，两者都需要被检验和保护。此外，正如我们看到的，直觉意味着注意。而且，随着注意力在不同程度上的变化，直觉也在变化，甚至波伊提乌也会去区分"看"和"注视"。还有，直觉只能给我们"一种模糊的意识"，而对于"清晰和独特"的意识来说，则需要通过思考获得。

直觉也和经验（experience）对立。它们作为两种知识的来源对立，其中也涉及直接性的第二个含义。直觉现在被同化为本能，事实上也经常被用作它的同义词。其中也包括灵感的闪现：它进一步与冲动联系在一起——只是，我们必须排除其中"间歇性"的概念。另一方面，经验被认为是"时间的女儿"。它是一个费时耗力的学习和传授过程，需要时间，需要进行重复，也需要接受检验，其结果（某种习得物）经常需要被纠正（如果不是一点都没学的话）。

那么，在这种解释中，直觉被认为是绝对至高的吗？它的含义是无可争议的吗？不是的。直觉的即时性或快速性不一定是绝对权威的标志，它们是对既有习惯的描述，而且除非它们是优点，不然不会被人们推崇。而且本能也不一定完全无误。真理在任何领域只有经过检验才是有效的。经验和直觉都不能保证绝对正确，因此它们两个在这方面不是对立的。

6. 我们现在来看历史、批判和辨析定义：

在古希腊哲学中，"virtue"（德行）一词被用作"卓越"（excellence）的同义词。因此，在公认的分类中，德行不仅包括道德上的卓越，还包括智力上的卓越。这种用途显然太广了。但是现代流行的用法犯了相反的错误，它明显太窄了。在现代语言中，这个词被限制为一个特殊的用法——贞洁（chastity）。就像我们说"a virtuous woman"或"female virtue"一样。"moral"（道德）一词情况类似，"moral person"通常被解释为"chaste person"，"immoral life"通常被解释为"impure one"。毫无疑问，对于一个定义来说，这还不够全面。我们需要找到介于两种解释中间的解释。而且，我认为我们应该把它限制为道德的卓越，限制为道德的卓越所包含的东西，限制为我们认为其中有价值的东西，以及我们奖励、钦佩和赞扬的东西，只有这样才能找到这个词最合适的定义。

我们现在的目标是，确定这种高尚的道德品质是由什么组成的。

　　在寻找答案的过程中，我们可以首先发现德行与关于人类本质的两个原则有关——后来被称为利己主义和利他主义，所有试图将这两个原则合二为一的尝试都失败了。这一点现在已经得到普遍认可。人们同样承认，我们既不是完全的利己主义，也不是完全的利他主义，而且利他主义对我们的要求不亚于利己主义。伦理学的最大难题是如何在两者之间找到完美的平衡。

　　那么，第一步已经迈出了。德行与两个原则有关，利己主义与利他主义，它们不能相互转变。

　　现在我们可以更进一步了。接下来，我们必须看到，对于每个原则——无论是利己主义还是利他主义——只有存在心理对抗，只有在原则与自身发生冲突的情况下，德行才能体现。即使在无私的行为中，只要它是在自然的冲动驱使下发生的，就没有什么德行可言。的确，对抗、冲突才使德行存在。如果一切都一直轻松顺利地进行，如果没有任何地方的平衡被打破，如果没有利益的摩擦，如果没有对抗力量的出现，德行就不可能存在。

　　假设有关这两个原则的心理对抗存在。首先，假设有一场理性同时存在的欲望之战。在这种情况下，德行在哪里？答案是（这里不再深究原因），它居于理性的权威中。理性是用来控制感情的：理性的功能是"强加和平条件，宽恕自卑者，打倒自大者"（pacisque imponere morem, parcere subjectis, et debellare superbos）。我们称屈服于低级欲望的人是堕落的，而抵制它们，从而获得自己的控制权的人是高尚的。

　　接下来假设有关于利他主义的心理对抗存在。假设两种仁慈（冲动的和慎重的）相互对立。那么德行在哪里体现？当一个朋友或邻居遇到了一些困难，向我们求助。我们本能的冲动是立刻伸出援助之手去帮助他。但是我们的理性告诉我们要深思熟虑。经过考虑，我们可能会发现，此时此刻的帮助可能会是一种对他的伤害。因此，考虑到这一点，尽管我们自己也很痛苦，但我们还是要克制自己不去帮助他。这就是答案，德行就在那里。

　　或者，假设利己主义和利他主义本身发生冲突。假设对我们个人利益的考虑与对他人利益的考虑相冲突，我们现在该如何做调整呢？亚里士多德学派所说的"平均"是正确的做法吗？不是的。正确的做法应该是偏向利他主义的。在德行存在的地方，一定是利他主义占上风的，一定有或多或少的自我屈服，一定有个人利益的牺牲。而且，这种牺牲必须是我们主动的、自愿的。我们必须知道我们在做什么并真心去做，否则，这不是德行。正如普莱斯所说，"对于仅仅是理论上的德行，或者某事的适切性和原因，是不应该赞美的。意愿与观点相一致，这才是我们应该赞美和尊重的"。

　　现在来看这些例子，我们需要找到它们的共同点，因为在它们共有的因素中，将存在着我们所寻求的东西。我们发现了对抗和克服，这是一场"勇士之战"，展现了道德勇气和顽强的反抗。但我们也发现，无论在哪个方面，除非人们在某种程度上自愿和有意地牺牲自我，放弃个人利益，否则德行就不是德行。在利己主义和利他主义被认为是冲突的情况下，这一点很明显。但在其他情况下也是如此，尽管不是很明显。在与利己主义力量的对抗中，德行体现在何处？不仅仅体现在克服中（否则，就算欲望战胜了理智，就像理智战胜了欲望一样，这依然是德行）。进一步说，克服的同时也要付出个人的代价，通过对堕落的自我的刑罚，通过对自我放纵的克制。那么，利他主义呢？冲动要屈服于深思。事实上，这种屈服是痛苦的，但也是值得尊敬的。

　　于是，反抗在克服中产生，并且值得赞扬：这是其中一个因素。另一个也会在这里找到——自我的屈服（个人向公共利益屈服，小我向大我屈服，冲动向深思屈服）。因此，德行，其完整的定义将是这样的：自愿的自我牺牲，功绩显赫，像英雄一样反抗自私的诱惑，体现在利己主义和利他主义发生冲突，或这些原则与自身发生冲突时。它的力量或程度，在任何情况下，都是以克服的困难来衡量的。

目前为止，我们只把德行视为一种行为。但是德行也是一种习惯，或者是一种形成的品格。作为一种品格或习惯，它通常受到道德家的高度赞扬，亚里士多德在其中起了带头作用。亚里士多德说，"一种值得称赞的习惯就是我们所说的卓越或德行"。德行需要我们通过实际行动来习得，换句话说，它是由实践创造的。它必须通过重复来获得和不断加强，最好是在斗争和诱惑的环境中，但环境要精心选择，要注意诱惑不要超过我们所能承受的程度。它使我们道德的行为更加轻松容易地实现，也让我们产生了一种倾向——喜爱它们和想要做它们的倾向："所有源于既定习惯的行为都是自由的、不受约束的和愉快的。"我还发现，有些单独的行为有助于形成好习惯，而有些不仅无助于巩固习惯，而且经常阻碍它，我们必须对它们加以区分。比如，一个经常犯错的人（比如酒鬼）有时可能会拒绝自己的放纵。出于某种动机，他可能会唤起他的道德力量，并通过艰苦的努力来抵制诱惑。但是，如果诱惑一结束他就开始庆祝自己的成功，不是让所取得的胜利刺激他重新反抗，而是让胜利成为满足的借口，这又有什么用呢？一个单独的行为对道德家和教育家来说是有价值的，但只能用于证明做这件事的人仍然具有道德敏感性——在适当动机的驱使下，仍然有可能在某个方向上训练他。但是就他自己而言是绝对无用的，而且正如我们所见，甚至是有害的。

很明显，先前我们所说的关于作为一种行为的德行的内容，在这里并不适用。我们现在不能说德行存在于某种心理对抗中，因为显然这里努力和对抗已经消失了。我们也不能说它具有"刑罚"的性质了，因为在重复中使它变得容易，而容易将这种性质逐渐淡化。然而，它依然值得称颂，没有什么比高尚的品格更能抵御诱惑，也没有什么比它更亲切、更值得称赞的了。

刚才所说的关于德行的内容在很大程度上也能用在"道德"（morality）这个更一般的词。道德和德行一样，与我们本质中的利己主义和利他主义这两个原则有关，同时在其中一个或两个原则中都存在心理对抗——一种超越界限或背离某一标准的趋势。但是自我牺牲这种英雄主义思想在道德中并不突出，相反，它仅仅是做出正确调整以保持两个原则之间的平衡，避免其中一个原则侵犯另一个原则的权力。因此，所有的德行都可以称为道德，但是道德的某些方面没有达到德行的高度，它没有德行那么自由和丰富，虽然我们也赞同，但我们并不认为它同样值得钦佩。

那么同一类的概念"责任"（duty）是什么？

德行和责任是常用的同义词，因此道德家们对"美德分类"和"职责分类"的区分并不严格。我不准备否认，在某些情况下，责任可以达到德行的高度。但严格来说，它们表示不同的概念，混淆它们不会有什么好处。如前所述，德行以心理对抗为前提，包含了一些值得称颂的特点。但心理对抗不是责任的本质特征，它也没什么值得赞扬的。我们可以惩罚或责备一个玩忽职守的人，但我们不会因他履行职责而表扬或奖励他。责任是"应该做的事"，我们可以合法地要求和强迫他执行，与"责任"相关的就是"权利"。如果我欠一个人东西，那个人可以合法地要求我履行义务，而不用感谢我履行了我的义务。但是没有人能强迫我自我牺牲：自我克制会被欢迎、鼓励和感激，会受到赞扬，受到钦佩（正如培根所说，赞扬和钦佩是对德行的鞭策），但是它不能被强迫执行。只有德行才能受到赞美和鼓励，赞美和尊重。

7. 一个哲学单词的完整定义通常需要像这样的一个复杂的组合——分析、辨析和对比，还要借助词源和批判的帮助。

例如，这种组合对于心理学词汇"sensation"和"reason"是很有必要的。

"sensation"这个词本身就有明确的含义，但是它也属于一个由三个词构成的组，因此需要谨慎地与其他词区分开来。此外，它还有各种特殊的含义，同样需要我们考虑——这些含义是由与之对立的词决定的。因此，完整处理将包括——首先，分析，也就是说陈述其组成元素；其次辨析，即区分同义词；最后，举出相关词或对立面。

它所在的组是"sensation，feeling，emotion"，与之对立的是"perception，idea，reflection"。

（1）对"sensation"（感觉）的充分分析包含了以下三个方面：第一，有知觉的生物体上某个位置的感觉（一个感觉器官，通过神经与感觉中枢或大脑进行交流），这种感觉通常是由外部刺激引起的，但也可能是生物体自身状况改变的结果；第二，一种精神状态或意识，由生物体的感觉决定；第三，这种意识的外在表现——用身体进行表达。其中，第一个是这个现象不可缺少的条件和不变的前提，第三个是其不变的结果，但是只有第二个才是真正的感觉，它总是主观的。汉密尔顿在《里德作品》中批判了雅各比，并将其定义为："仅仅是主观的感官状态的意识——我们身体中令人愉快或不愉快的意识"。我们可以接受这个定义，前提是我们认为第二个子句指其的感情方面，而不是去增加特征，并且我们对"感官的"（sensual）一词给出非常自由的解释，不仅用它来表示（就像现在通常做的那样，在布朗、贝恩等之后）五感，还有体内感觉或器官感觉（刘易斯所说的系统感觉）和肌肉感觉。布朗说，"直接地、单独地从身体状态中产生的心理状态或感情，是感觉的唯一定义"，还有，"感觉是与生物体的感情相继出现的心理感情，是由外部事物的作用产生的"。但是布朗在这里不如汉密尔顿令人满意，因为他没有给出它作为一种精神状态的区别性特征。出于同样的原因，曼塞尔可能也会反对，"感觉就是关于生物体感情的意识"。我不能认为下面的定义在心理学上是有效的——"身体的感觉主要在于它作为一种特殊的紧张的感情，在某些情况下伴随着愉快的或不愉快的情感"。似乎事实是，所有的感觉都是感情，在一些感觉中（如生物体的感觉），快乐或痛苦成为突出的因素。

我认为，从心理学角度来看，感觉是一个纯粹的主观事实，取决于对生物体的感情或印象。但从这个角度来看，它并不是完全被动的事情。相反，像所有有意识的现象一样，它暗含着变化，变化程度有多大，就有多主动，甚至日常语言也可能给我们启发。因为日常语言用感觉来表示新鲜的和令人兴奋的东西——比如当我们说"创造了一种深刻的感觉",或者说某些人"没有感觉就无法生存"。除了承认(就流行用法而言)感觉依赖于相对性,但也包含主动的因素,还有什么呢?用费里埃的话来说,一种感觉——"没有歧视行为,没有任何形式的行为"——是一种幻想。

只需补充一点,不同的感觉是以性质、强度和持续时间来区分的,不同的感觉需要被划分为不同的等级。

(2)"feeling""sensation""emotion":这些词通常被认为是同义词,但是它们所代表的三个东西是截然不同的。

"feeling"是一个含义模糊的词,有时含义范围很窄,有时很宽,有时它代表一般的意识,有时它是一整类心理现象的属名。它区别于意动(Conation)和认知(Cognition),有时它可以指一类现象中的很多种,有时只限于一种。例如,在文学和哲学中,它经常被用作"touch"的同义词。我们在洛克、休谟和里德身上发现了这一点,在爱迪生身上也发现了这一点。后者说:"感觉可以给我们一个长度、形状和其他进入我们眼睛的东西的概念,除了颜色。但是,与此同时,它在使用中经常局限于特定对象的数量、体积和距离。"同样,我们经常把"feeling"视为某种特殊的情感,我们用这个词来表示同情或"心",就像我们说"有感情的人"(a man of feeling)时,意思是一个充满人情味的人。"feeling"也代表信念、观点或信仰——就像我们说"我感觉你是对的"。同样,它也表示冲动、倾向或欲望——如"我感觉要开始这个项目了"。

就像"feeling"一样,"emotion"也是如此,它也经常被滥用。它有一个日常的用法,也有一个哲学的用法,这就导致情况更加复杂。"emotion"在日常用语中强调的是感情的深度或强度,而在哲学分析中强调复杂性。但是,在日常的谈话中,当我们使用形容词形式"emotional"时,我们通常表示的是其哲学含义。一个普通人口中的"敏感的本质"(sensitive nature)和"感性的本质"(emotional nature)完全不同,而区别正是像哲学家所描绘的那样。同样,"emotion"经常被认为是"passion",与希腊语中的"πàθοζ"意思一致。但这种用法不适用于英语。在英语中，"passion"只是"emotion"的一种表现，或者更确切地说，它是处于某种程度的"emotion"。例如，爱和愤怒都是"emotion"，但只有当它们达到极端激动的程度，或者当它们完全压倒并吞噬我们的时候，我们才称之为"passion"。有时，我们也会把一个人的方针或指导思想称为"passion"，如权力、志向和财富。但是在这些目标和动机确立之前，它还只能是"emotion"。

"emotion"和"passion"之间的区别还在于"passion"常常伴随着欲望，而"emotion"则不然。可以参见大卫·休谟（David Hume）的《论情感》（*Dissertation on the Passions*）和亨利·朗格维尔·曼塞尔的《形而上学》（*Metaphysics*）。休谟说，"爱与恨的激情（passion）总是伴随着，或者更确切地说，结合着仁慈和愤怒。正是这种结合将这些情感与骄傲和谦卑区分开来。因为骄傲和谦卑是灵魂中纯粹的情感，不夹杂任何欲望的成分，不会立即驱使我们行动。但是爱和恨本身并不完整，它们把思想带到更深处。爱总是伴随着想让所爱的人幸福的渴望和对他的痛苦的厌恶。相反，恨伴随着使所憎恨的人痛苦的欲望和对他幸福的厌恶"。但是，骄傲和谦卑也常常伴随着某种欲望——骄傲伴随着使自己快乐的欲望，谦卑伴随着对自己屈辱处境的厌恶——就像爱和恨一样。而且爱也常常不包含欲望。这只是程度的问题，同样的东西现在是"passion"，可能下次就是"emotion"了，所以在词汇的使用要考虑实际的情况，很多时候我们很难去界定是否有欲望存在。

那么，从哲学角度来说，什么是"emotion"呢？什么是"feeling"呢？这二者又是如何与"sensation"区分的呢？

关于这三个词，有三种处理方法。我们可以把"sensation"作为属，把"feeling"和"emotion"作为种安排在它下面；或者把"emotion"视为一个属，把"sensation"和"feeling"作为种；或者把"feeling"视为一个属，把"sensation"和"emotion"作为种。在《里德作品》中可以发现类似于第一个的方法。里德并没有把"sensation"和"feeling"当作同义词处理，他认为二者都是一种心理活动，都是没有对象的。它们之间可能有一个小小的区别，"sensation"常用来表示我们的外部的感觉和通过满足身体欲望获得的感觉，以及我们身体的痛苦和快乐。但是，"feeling"可以表示有着更加高尚的本质的感觉，常常伴随着我们的情感、道德判断和品味判断，这种情况下用"sensation"就不太合适了。因此，"feeling"只是一种更加精确的"sensation"。但这显然是会遭到反对的，因为它建立在对现象完全不充分的分析的基础之上，而且只有把精神一方面视为"理性力量"（intellectual power），另一方面视为"活跃力量"（active power），才能被采纳。我们在布朗那里找到了上述第二种方法。他认为心理现象分为外部的和内部的。也就是说，它们是由外部对象的存在所决定的，或者它们不依赖于外部对象的心理状态，而是由心理状态的变化而产生的。这些内部的情感分为两类，即理性的（intellectual）和感性的（emotional），而感性的包括"所有或几乎所有被归入活跃力量之下的心理状态"。其反对意见是，这里"emotion"的范围太广了。很多老作家们所认为的属于"活跃力量"的东西，并不是指"emotion"，相反"emotion"有时被认为是理性的。因此，只剩下第三种方法了，这是贝恩教授通常采用的方法，而且现在已经被广泛采用。

现在我们来让"feeling"作为属（与"intellect"和"will"区分开来），"emotion"和"sensation"作为种。那么我们应该用什么特征去定义它们？我们应该去哪里找它们的种差呢？

正如我已经说过的那样，两者都是有外在的身体表现的感情。但是在"emotion"中，却没有像是"sensation"中的那种局部的身体感觉，出现在身体的某个部位或器官中（尽管卡姆斯勋爵说过"我们在心中体会到感情"）。所以，"sensation"指的是基本的和简单的感觉，而"emotion"则是更丰富的、更复杂的和衍生的感情。同样，智力在感觉中很少体现，但在感情中却占很大比重。此外，在意志方面也可以对它们进行区分。人们普遍认为，感情是不能驱使我们采取行动的，它给我们带来的只是静止和沉思。但是，实际上感情是许多行为的源泉，而且除非感觉达到了某种程度，否则我们依然可以保持镇静。也许某些感情可以让我们保持平静，但是爱情呢？如果悲伤和恐惧到了让我们麻痹和不知所措的程度，又会怎样呢？而且，感觉不也经常是镇静和舒缓的吗？例如，看到柔和光线引起的眼睛的愉悦，或某种声音引起的耳朵的愉悦。所以，不能以这个来区分这两个词。如果我们想找到它们的差异，就必须用更加合适和严格的方式。

可以进一步观察到，从被动性来看，将"emotion"称为"affections"更加恰当。

（3）那么它有什么特殊的意义呢？

在关于外部世界的问题上，"sensation"有广义和狭义之分。在它更广泛的意义上（现在通常不被使用了），它代表感觉本身加上感知本身；为了区别起见，这后一个含义有时被称为"外部感觉"。狭义上（里德之后）被普遍接受，感觉被用作感知的相关物。如此使用，一个指的是外在的或客观的态度；另一个是主观的或内在的：一个将我们带出自我，并使我们与超有机的物体产生联系；另一个没有。前者（感知）有时被称为"认知或知识提供要素"，有时被称为"信息载体"。但是，很明显，这两种表达形式都没有足够的约束。在感觉中，即使是最狭义的感觉，也有智力或认知的因素；而且，仅仅是在有机体中定位感觉的过程中，就有外部和内部的区别；但是包含在感知中的认知是对被认为是超有机体的外在或客观的知识。

汉密尔顿提出了著名的定律，其中这样阐述了"sensation"和"perception"（知觉）之间的关系："在某一点之上，感觉越强，知觉越弱，知觉越明显，感觉就越不显眼。换句话说，虽然知觉和感觉共存，但它们存在的程度或强度总是呈现相反的比例。"而赫伯特·斯宾塞先生认为它"与其说是真理本身，不如说是真理的预兆"。正确的观点似乎是——"不是感觉和知觉反向变化，而是它们有着反向变化的排斥程度"。这种排斥并不局限于感觉和知觉，而可以扩展到所有心理状态的相互关系上——它同样适用于感觉、知觉、注意、想象等。费里埃认为这个定律同样适用于感觉和意识。感觉，正如他在这里所理解的那样，涵盖了一个广阔的领域（从下面的引文中可以看出），意识指人的个性（personality）——或者，正如费里埃自己最喜欢的表达，"自我指称"——"通常伴随着他的感觉、激情、情感、理性或任何心理状态"。他坚持认为"我们的意识或自我指称的程度总是与我们的感觉、激情、情感等的程度成反比。感觉越明显，意识就越受到压制"。

另一方面，意识越强烈，感觉就越微弱，直到最后，当它达到极限时，感觉或感情完全消失。库辛也说过同样的话："个性和感情本质上是相反的关系，是构成生命的相对立面"。

同样，感觉有时被认为是观念的对立面。马莱布兰奇和卡特尔认为，这与我们刚刚考虑的感觉（情感）和知觉之间的区别是一样的。但是，在其他人手中有着不同的解释。他们认为感觉是真实事物的现在的体验，区别于记忆（对事物的回忆），以及想象（精神创造物，未被经历过）。休谟在《道德原则研究》（*Enquiry*）中关于情感、感觉和思想的对立就是这么认为的。有时，它们的关系也被称为主观和客观的关系。但是我们一方面把感觉称为客观的，另一方面又把感官知觉（sense-perception）表述为主观的，这是极具误导性的。当感觉本身被分为客观的和主观的时，就更加复杂了。在这种情况下，"客观感觉"是由感官外部的刺激产生的，而"主观感觉"起源于器官本身状况的变化。

下面我们来说说洛克，他将感觉和沉思（reflection）视为对立面。然而这种对立是很不准确的。如果要满足对立，那么后者必须被限制为内省或自我观察——通过内部感知获得对于思想和心理过程的认识，而且前者必须进行扩展，以包括外部感知和任何能给我们提供关于外部世界的信息的东西。很明显，这里感觉的范围是不合理的。至于另一个词"沉思"，内省只是它的一种。

"reason"（理性），跟"sensation"一样，它们最好的三种定义方法是分析、辨析和对比，而且在处理这个词时，按照这个顺序是很方便的。与它分在同一组的需要辨析的词是"reason, reflection, judgment, reasoning"，需要与之对比的词是"sense, passion, instinct, faith"。

（1）理性通常被认为是理解真理的心理能力，但也可能因为模糊性而遭到反对：因为每一种能力，归根结底，都有某个真理作为它的目标，当我们给它抽象的真理时，理性就会消失得无影无踪。

有时它仅限于对不言自明的或直觉的真理的理解。自我证明既体现在"基本原则"上，也体现在"根本概念或简单概念"上。也就是说，体现在一些我们不能给出理由但也接受的原则上，以及一些不能被分解成更简单或更基本的概念上。为了解释这个用法，我们必须从希腊语"voÛζ"说起。西塞罗给出的"voÛζ"的拉丁语翻译不是"ratio"，而是"mens"，波伊提乌的翻译是"intelligentia"或"intellectus"。波伊提乌也在《哲学的慰藉》中给出了"ratio"和"intelligentia"的区别。前者表现为人类的，后者表现为直觉的和神圣的。而且，在这本书中，他以这样的升序排列这种心理能力——"sensus, imaginatio, ratio, intelligentia"。他认为第一个表示对于被感知物体的认知，第二个处理的是它的形状，第三个上升到了普遍的事物，第四个是指更高的简单概念。当然，波伊提乌并不是一个人，在整个中世纪，一直以来"intellectus"的认可度都要高于"ratio"。例如，在圣安塞姆对上帝存在的本体论论证中，最主要的词就是"intellectus"这个词。阿奎那认为，正是通过"intellect"，人类才能在祈祷中见到上帝。在拉丁语中，"ratio"确实不如"intellectus"。理性从智力层面讲是非常现代的，其对立面是直觉的理性。然而，正是这种智力的理性被当今哲学家公开接受，并且在直觉伦理学中发挥了非常显著的作用。然而，据我观察，任何地方都没有严格地或始终如一地使用它。相反，尽管它一开始被使用，但随着争论的进行，它很快就消失了，一些结果更加丰富，处理更加巧妙甚至一开始偷偷引入的词相继出现，逐渐取代了它，直到最后反复出现在诸如"理性的冷静判断"（the cool judgment of reason），"仅仅理性的指示是缓慢和深思熟虑的"（the dictates of mere reason being slow and deliberate），"理性的决定"（the decisions of reason）这些表达中。在苏格兰哲学中，理性（智力的）被视为常识的同义词。里德告诉我们，"常识就是，也只是对不言自明的事物进行的判断"。然而，汉密尔顿发现有必要提出抗议。"理性这个词，"他说，"意义如此广泛和模糊，所以应该避免如此确定的含义（作为常识的同义词）"。这个建议无疑是合理的，但他的依据确实令人质疑。"如此确定"这个表述是有一丝讽刺意味的，因为仅在注释中，汉密尔顿就将常识赋予了六个含义。他把它解释为一种"学说""哲学"和"论证"。有一段时间，他也把它作为"从自然中获得的认知和信念的补充"——他认为它来源于意识。而在另一段时间，他又把它描述为知识的原始来源或起源——"可理解的真理之泉"。的确如此确定啊！

除了上述含义，在杜加尔德·斯图尔特看来，理性不但能够区分真理和谬误，区分正确和错误，而且使我们能够将实现目的的方法结合起来。这个含义起源于希腊语"λόγος"，意思是排序或排列，也表示智者或"σοφός"的特征。但是，使方法适应目的是一件复杂而不是简单的事情，经常涉及许多不同的过程，每一个过程都是合理的，但没有一个过程能够单独表示这个名称。例如，它意味着一个预想的计划，是一种构想。而且，作为方法和行为的本质和影响，它表明了事物的性质，因此它被称为"理解"（understanding）。因为它表示预先考虑或预见，所以它也被称为"睿智"（shrewdness 或 sagacity）。它也包含选择，因此被称为目的性的判断。当涉及实际或伦理关系时，它就是审慎。或者如库辛所说："是理性给了我们这三种认识（我们自己的存在，外部世界和上帝）。理性，即全知的能力，确定性的唯一原则，真与假、善与恶的唯一标准，只有理性才能感知自己的错误，在被欺骗时纠正自己，在错误时恢复自我，宣布自己无罪或受到谴责。"

在康德哲学中（它可以被视为先验的），理性与理解是有区别的，有两个方面的区别。后者有它自己的范畴和概念，只涉及相对的和感觉的，特殊的和偶然的。而前者处理的是绝对的和超感觉的，它的对象是观念，而获得的真理是必然的和普遍的——先验认知。对康德来说，理性要么是理论的，要么是实践的。实践理性是指意志——自主的意志，或者指有良知。实践理性的对象是真理，不仅当它是普遍的或客观的，而且当它是必要的。换句话说，作为实践理性，它是良知的功能，处理应当的、强制性的、道德上有约束力的东西，并发出强制性的命令。

也许这个词最好的、最不含糊的应用就是当它被用于人类本性的智力的部分时——这个部分的基本属性是比较。然后我们必须把它和感觉（feeling）与意志（will）区分开来。这么一来，它就是 mind 的定义中的三分之一了。如果我们把它说成是一种能力，它就是思想、认知、智力的能力。

在我们说它是"思想"的时候，我们要注意要与黑格尔广义上的"思想"以及笛卡尔所说的"思想"区分开来。

黑格尔认为思想代表客观和无意识的东西（像叔本华的意志），"内在，或者可以说，世界的核心"。但是，说它是客观的无意识思想，显然是一种滥用。因为确实有"潜意识"的心理活动存在——意识之下的活动，并且超出了意识的范围，我们不能随意称之为思想。这个名字也不适用于"趋势流"，在它的影响下人们的计划和目的往往与他自己的预期或意图大相径庭。即使当这股趋势是一种有助于正义的力量时，如果它是无意识的和非个人的，它就不是思想。

同样，理性与笛卡尔的广义的"思维"不同。笛卡尔说，"思维存在是一种进行怀疑、理解、构想，肯定、否定、意志、拒绝、想象和感知的事物"。他不仅把思想视为观念（一种描述，"事物的映像"），而且视为"意志、情感和判断"。

正如刚才所说的，理性的基本属性是比较——还被称为差异和一致。

但是，在这个意义上，在感觉与意志中也有理性的因素。那么，我们如何区分理性（思想、认知、智力）、意志和感觉呢？感觉的特征是痛苦和快乐。换句话说，一个心理事实，只要它是愉快的或痛苦的，就被认为是一种感觉。另一方面，意志的本质是行动。我们的决定和意志总是涉及行为——从伦理角度来看，它们影响行为，它们旨在实践。虽然并不与它们独立，但理性与两者不同，它的智力功能与其他两者有着明显的区别。它们每一个都有自己的领域，每一个都有自己的独特的科学。依附于意志的科学主要是伦理学和政治学。形而上学（包括本体论）和心理学是非常重要的理论或理性科学。感觉科学属于感觉。

（2）理性，作为智力（intellect）的同义词，人们用常常用很多词表示它的含义，也经常把很多次视为属名，从而造成不小的混乱。这就需要求助于我们定义的第二种方法，辨析——处理词义的细微差别。

第一个词是"reflection"。但是这个词的主要含义前面已经给出，这里不用重复。唯一需要注意的另一个含义是沉思"contemplation 或 meditation"——在沉思中，头脑在很大程度上是被动和静止的。

接下来是推理（reasoning）和判断（judgment）。这两个都是推理过程。判断是对对象的比较和对它们之间某种关系的肯定或否定，而推理处理判断，并从给定的判断中得出恰当的结论。在某种意义上说，判断就是推理，即当它不局限于仅仅肯定或否定两个事物之间的某种关系时（逻辑命题的连接词的功能），而是当它代表一种经过深思熟虑、论证、权衡证据之后产生的决心或决定时。在这个意义上，这个含义最好用以下几个词表达——decision, opinion, belief。而且，在这种情况下，说"我们做出了判断"比说"我们进行了判断"更加恰当。此外，还有一个心理学应用，即对一个陈述的理解（不涉及同意或反对）被称为判断。在这种情况下，"即使两个词相互矛盾，判断也是可能的"，如命题"正方形是特定维度的圆形"。

同样，理性经常与经验（experience）相区别。这在休谟的著作中很常见，并且普遍存在于英国文学中。这里的理性代表演绎、理论化、先验推理，而经验是后验的，是证实性的和补充性的。

此外，理性有时被描述为人类的特殊属性，即当人类与低等动物相比较时。但是，关于这种对比，在权威之间达成一致之前，我们不需要为此费心。有些人将它理解为调整手段以达到目的的能力，而蜘蛛、蚂蚁、蜜蜂和海狸都具有这种能力。其他人，像洛克的解释，侧重于抽象。还有一些，侧重于意识或自我意识。马克斯·穆勒教授最近在他的《希尔伯特演讲》（*Hibbert Lectures*）中强调了一种宗教能力——在他看来，这种能力不同于感觉和理智，它使我们能够"理解无限的东西"，这是人类特有的能力，也是全人类共有的能力。

（3）仍然需要应用对比的方法。

第一个对立是理性（reason）和感觉（sense）之间的对立。我们可以选择不同的方式来表达它们，我们可以称之为普遍和特殊的对比，或一个和许多的对比，也可以称之为永恒和短暂的对比。但是无论我们采用什么表达方式，我们说的总是同一个意思，即它是比较、抽象和概括，找出事物之间的差异和的共同点。

然而，有时有人也做了其他解释。例如，有人说，理性是"判断对于感觉的感知并反驳它们的决定的能力"。对此应该这样做出回应：感觉不能做出决定，而且这里被反对的是错误的推理以及很容易从感觉印象中得出的推理——例如，关于远处物体的实际大小，或者关于天空相对于地球的明显运动。推理和理性在这里被混淆了，经验在这里扮演的角色也被忽略了。

理查德·普莱斯（Richard Price）在《道德的主要问题综述》（*Review of the Principal Questions in Morals*）的第一章中说，"感觉之眼是迟钝的。对想象的构想（一种与感觉密切联系在一起的能力）是粗俗的，远远达不到那种确定性、准确性、普遍性和清晰性，而这些特性是属于一种智力的识别能力的"。把修辞和夸张的语言剥离出来，这意味着只有直觉得到其他心理活动的补充，我们才能拥有最高程度的确定性和清晰性，而普遍性显然是理性的产物。但是，如果它意在表明，感官最初是任意的和欺骗性的，那是一个柏拉图式的错误，不能被支持。然而作者有时也会承认这一点，因为在书中我们发现作者声称"直觉和演绎的程度不同——有时清晰和完美，有时模糊和晦涩"。而在附录的注释中，当谈到外部世界时，他表达了这一点——"无论遇到怎样的问题，可以肯定的是，感觉的证据（像记忆的证据）将永远保持它的权威"。

同样，有人说，感觉只是一种能力，理性本质上是主动的。换句话说，"感觉是强加给我们某些印象，独立于我们的意志，我们不能知道它们是什么或它们来自哪里"。但这只是我们上文中已经说过的特征的另一种表达方式罢了。而且，"独立于意志"并不是感觉特有的事实，就理性而言，如果它用来识别对象之间的一致和差异，同样是独立于意志的。举例来说，如果睁开眼睛，我们不能阻止一个物体在视网膜上形成的图像和随之而来的感觉，同样我们也不能避免感知两种不同的感觉或两种不同的想法之间的区别，当它们进入意识时，或者当我们的注意力被唤起时。

理性是一般的、普遍的，而感觉则是个别的、特殊的，这就是对比的全部要点。

第二个对立面是理性和激情。

在这方面我们不用说太多，它只是冲动和控制力的对比：一方面是冲动、激情、不安；另一方面是平静、深思熟虑、冷静、调节、克制。西塞罗称之为"思考"和"欲望"的对比。

第三个对立面是理性和本能，这在很大程度上取决于我们对本能的理解。

首先，这个词有一个非常广泛的意义，它可以扩展到一般意义的生物——植物和动物。有人认为，"本能"仅仅指一种"无误差行为"，例如，如果把种子的芽末端朝下扔进地里，随着它的生长它总会弯过来，从而呈现出直立的方向，到达空气和光线中。而根端，如果向上指，总是朝着相反的方向弯曲，从而嵌入地球和黑暗中。但是这个意义显然对于心理学来说是不实用的。而且，为了得到一个可行的心理学概念，我们需要大大缩小范围，找到一个更窄的意义。斯图尔特将行为原则分为两类——本能和理性。前者包括欲望、渴望、情感，后者包括自爱、仁慈或良知。这似乎也是巴特勒的做法，因为在《讲道辑录》（*Sermons*）中，他一次又一次地将欲望、激情和情感归为一类，另一类是"理性的自爱和良知"。但即使这样也太宽了。因为称欲望为本能显然是不恰当的，更不用说用这个名字来形容情感了。在这个意义上来说，我们可以称理性本身为本能，或者说它是本能的意志。因为所有这些都含有一些本能的因素，含有一些本质的，与生俱来的东西。但是，由于这个原因，更需要精确和准确地找出它们的差异，并小心地分类，避免混淆。

那么，什么是本能的特征呢？我们如何把它与其他几乎相似但又不同的事物区分开来？

贝恩博士说："本能是非习得的能力。"更完整地说，"执行各种行为的非习得的能力，尤其是对动物来说必要或有用的行为"——它是"我们本质的主动的一面中原始的东西"。毫无疑问，这是正确的，但是不全正确。汉密尔顿的定义为："本能是盲目无知地执行智力和知识工作的代理人"。"代理人"（agent）这个词在这里很特别，但是我们可以通过它来理解贝恩博士在上面所指的"我们本质的主动的一面"。这里它就有了新的很重要的含义："盲目无知的表现"，因为本能的一个主要特征是，缺乏有意识的目的（不一定有意识）。但是，难道没有第三个因素应该包括在内吗？佩利用"倾向"（propensity）一词来描述它不正确吗？"本能，"他说，"是一种先于经验的倾向，并不需要指示"。这样一来，本质的三个定义特征是——非习得的能力、非习得的倾向、无意识的目的。通过它们，本能既区别于理性，也区别于与它最近的词"习惯"。

习惯是学习和经验的产物；虽然当形成时它伴随着行动的倾向，但这种倾向并不是非习得的。尽管习惯的本质是机械性的，但人们可能会质疑，在个人经历中形成的任何习惯是否会如此机械，以至于在某种程度上无法被个人有意识地控制。因此，习惯不同于本能。刘易斯认为本能是"失效的智力——从祖先那里传来固定行为，而祖先通过适应习得。因此，任意的东西变成固定的，自愿的变成非自愿的"。

通过上述三个特征，本能可以与理性充分区分开来。当我们从推理的意义上理解这个词时，它与理性是对立的。因为，在本能中，既没有思考也没有推理。当被视为思想的等价物（认知、智力）时，它与理性是对立的。因为本能是一种原始倾向，不是建立在比较的基础上，而是自发地进行；而且，本能在很大程度上被限制在我们本质的主动的一面，它与意志（volition）类似，而不是与理智类似。

然而，理性和本能之间的对比还有另一层含义。它们一个更高级，另一个更低级。在前者中体现了道德价值，而在后者中没有体现。我们经常听到这样的话："一个人的德行总是与他的天性、行为倾向、本能的原则和一些缺乏理性思考的行为是无关的。"毫无疑问，这是事实。德行（正如我们已经看到的）本质上是道德力量，并以我们本质中不同力量的对抗为前提。没有了诱惑和抵抗，它没有任何意义。它是英勇的行为，因为它让我们付出了一些代价，因为它要求我们做出牺牲，所以我们赞美它。因此我们说，它高于单纯的冲动或本能的行为。但是这样解释的对立面，完全是道德方面的。这是我们不敢忽视的道德真理，它同时被直觉主义者和非直觉主义者所接受。但它与道德观念的理论多么一致就是另外一个问题了。

第四个也是最后一个对立面是理性和信仰之间的对立，它们不难区分。信仰是一种对贴上权威标签的事物的温顺的默许，它源于思想的懒惰或不愿思考、调查和证明，它盲目或不明智地相信大师们武断的话，它本质上是反哲学的。自笛卡尔时代起，怀疑就被公认为哲学的开端，或者更确切地说，这是觉醒的理性的好奇心的第一个果实。另一方面，当信仰代表谦逊地接受人类理性无法理解的真理——神圣启示所包含的真理——它就具有了宗教性质，对它的思考严格来说属于神学的内容。

8. 最后一个需要我们注意的方法组合是对立、批判和分析法。用来例证的词是形而上学术的词。

"truth"，就像意识一样，最好用对比的方法来定义：而且，根据与之相对立的词是否包含了道德品质，它被分为两种：道德真理或者是理性真理。在逻辑学中，"truth"用来描述命题，确定这样或那样的主项拥有或不拥有这样或那样的属性。对于形式逻辑，只要命题在形式上是正确的，就足够了。然而，如果我们进一步处理命题的内容（正如我们应该做的），如果我们接受谓词的量化理论，那么逻辑真值将表示一个类和另一个类之间的关系——这种关系要么是互斥的关系，要么是包含的关系（全部或部分）。

在道德方面，真理的正确对立面是谬误（falsehood）。有时对于理性真理也是这样，但其最正确的对立面应该是错误（error）。而它在逻辑学中的对立面是假（incorrectness）。

此外，真理必须与模糊和混淆区分开来。因为即使某物是真的，但如果它是模糊的，对于哲学或科学目的来说也是毫无价值的。然而思想者必须对抗的最大邪恶是混淆，而他的最高目标是思想和表达上的精确。然而，模糊不能与普遍混淆。相反，普遍性是科学的最大特征（区别于单纯的知识）。例如，没有什么比运动定律更普遍，但是也没有比运动定律更准确的陈述。

希腊人认为真理的对立面既是谬误也是不完美（imperfect），后者表示不完整或未完成。他们丰富的语言让他们可以用不同的词来表示这种差异。与谬误相反的真理被他们称为"τὸ ἀληθινόν"，与不完美相反的真理被他们称为"τὸ ἀληθÉς"。他们也认为真理的对立面为观点（opinion）。

人们试图对"truth"做出各种定义，但或多或少都是失败的——都或多或少会遭到反对。

例如，"truth"被定义为思想和事物的和谐——知识和现实的对应。对此，最明显的反驳是，思想之外的事物是什么？——与知识不同的现实是什么？此外，该定义仅涉及真理的一个领域。它充其量只在本体论或形而上学中发挥作用。思想和清晰的表达之间也是有关联的，它们的和谐与思想与事物的和谐是一样的。一个人的意志和行为之间或行为和他对正义的理解之间也有对应关系。除此之外，这个词还有一个神学用法，它代表着神圣的启示者，或者他的方式和意志对人类的启示——而上述定义的不足将是显而易见的。

"truth"还被称为智思界，与感触界对立。但是，除了这里随意地将"sense"排除在"truth"之外，它还引出了一个先前的问题。是否有一个超越感的可理解的世界存在？如果有的话，人类能够理解它吗？

此外，"truth"也被视为存在，与非存在相反。但是存在本身什么也不是，它是一个没有的词。而且，它需要用"一个明确或精确的东西"来补充才能有含义。把"truth"解释为"成为"（becoming），也是不合适的。如果一个东西从来都不存在，它怎么会成为一个存在？而且"真理存在于一个运动中，而不是孤立和静止中"这个解释也并不能让我们满意。只要能合理确定，我们可能会接受这一说法，但我们的困难仍未解决。

事实是，没有一个真理的定义是充分的，也不可能是充分的。但只要我们举出真理的对立面，并确定了它的特征和标准，我们就能清楚地阐明它。现在，对立面已经被引证，主要特征和标准是这样的：①绝对的或相对的；②真实的或理想的；③必要的或偶然的；④合理的或不合理的。

（1）绝对真理有两种含义：①当它与我们自己和所有的智力都不相关时。然而，当我们检验它时，可以发现它是自相矛盾的。因为与所有智力无关的真理是无法想象的。②在这里唯一合理的含义是"绝对即普遍"，对此我们有两种解释：第一，绝对真理不局限于这个或那个，而是对所有智力都是一样的。如人类的智力就是相对的。这种特点在伦理学和形而上学中都被认为是存在的。因此，出现了诸如"绝对的和相对的善""绝对的和相对的正直""绝对的和相对的美德"等表达。但是，当我们进一步看这一特点时，我们可以发现它其实是不存在的。因为我们该如何确定什么是所有智力共有的？唯一的答案是，利用我们自己的智力。但如果是这样的话，那显然是要通过我们自己的智力去衡量其他智力，这就创造了一种虚假的普遍性。曼塞尔在谈到康德的"绝对法则"时说："康德虚构的约束所有理性的存在的绝对法则，只有表面上的普遍性，因为我们只能通过将其他理性存在的构成视为与我们的相同，并使人类的理性成为一般理性的衡量和代表，来想象它们"，曼塞尔在这里所说的内容更为广泛，他的论证触及了这种普遍性特点的根本。

第二，"绝对的"要与"相对的"区别开来，这种解释既有价值又有效。对于人类智力，绝对的概念就是指一般意义上的人，而当我们具体到这个人或那个人的时候，则是相对的。然而这里可能采用了错误的标准。因为，为了确定什么是人类的真理，我们可能从对人类本质的先验假设，对人类的构成的先验假设出发，并且忽视了经验，强加了与实际不符的事实。唯一有效的方法是从经验出发，然后严格地遵循归纳的方法——记录和分析，比较和筛选，直到获得我们所需要的普遍性。在这个过程中我们就知道什么是普遍的，什么是绝对的，与此同时，也就知道了什么是特殊的，什么是相对的。

（2）真理要么是真实的，要么是理想的。

这个对立面包含两个解释，我们可以把"理想"简单地等同于虚构或想象，或者扩展它，使它等同于观念。在这后一种情况下，真实的真理是外在的客观存在，它存在于（外在）自然中。而理想真理指任何只有主观的心理存在（即使它是外部现实的表现）的事物。在另一种情况下，理想仅仅局限于对幻想的描述——想象和创造，它与记忆不同。也许，在任何情况下，我们都不能从主观存在上推断客观存在（就像笛卡尔对上帝存在的本体论证明中所做的那样）。但是，当理想局限于记忆，它是真实事物的再现，而当其局限于创造性的想象，它就要与真实的事物区分开来。此外，这个观念是可能存在的事物的检验。我们所认为存在什么，事实上是可能存在的。换句话说，对它的存在性的假设中没有任何东西违反已知的存在的法则和条件——尽管我们不能说它是，但我们也不能肯定它不是。由此可见，从这个意义上来说，这种观念主要是作为对教条主义的一种检验，它对实际或真实事物的证明是毫无价值的，甚至有一定的负面影响。尽管它不能建立任何东西，但在许多情况下，它足以让我们质疑我们的判断，或者让我们不再过于自信。

（3）真理要么是必然的，要么是偶然的。

偶然的真理指一些我们对其的认识和实际不符的事实。另一方面，当我们不能获得关于某件事的与实际不符的认识时，它就是必然的真理。有时一个被称为事实的基本真理，另一个被称为理性或智力的基本真理。

偶然真理的主要特征是，它是"可变的"。因为它是可变的，它"取决于意志的某种作用，这种作用有开始也可能有结束"；而且，由于易变，它可能"某一次是真实的，下一次就不是真实的"。必然的真理通常有两个标准：①我们对它的思考存在必然性；②它是普遍的，它不仅存在于这里，而且存在于任何地方，不仅仅是现在存在，而是永远存在。

但是我们又会有疑问它是否真的是这样的？事实是，必要和偶然之间的区别不仅仅是有争议的，而且其标准根本经不起检验。它告诉我们一个偶然的事实是"可变的"，但一个可变的真理根本算不上是真理。我认为"偶然"的唯一可理解的含义是——某件事的原因还没有被我们认识。但这是否意味着我们永远不会认识它们？当一个偶然的真理被认识时，或者在一定程度上被认识时，它与必然真理有什么区别呢？我们来看看必然真理的这些标准。首先我们需要思考什么构成了"必要性"？最终的答案是——无法想出与它对立的事物。但是这个检验具有很大的不确定性，靠它来检验事物的存在性很容易在某个时刻被推翻。现在无法想象的事，将来不一定无法想象，对于一个人来说无法想象的事情，对于另一个人来说可能是完全可以想象的。接下来，我们需要思考什么构成了"普遍性"？

是"普遍认同"吗？这种普遍性不能成立吗？而且，虽然人们承认普遍认同在总体上是一种支持而不是反对的倾向，但我坚持认为，普遍认同从来都不是基本标准，它可能经常，而且已经非常不利于真理的发展。那么，我们是不是要把它和必然性及其指标和结果必视为不可分割的？那么，必要性的下降也是普遍性的下降。然而，即使承认必要性，普遍性也只能建立在如下假设之上——"任何必然会被思考的东西都是绝对普遍的"。很明显，这是一个会让我们心生质疑的假设。

那么有效的标准是什么？让我们举一个具体的例子。假设它说"两条直线不能包围一个空间"，为什么呢？答案可能是：①因为在我们的经验中，事实就是如此；②因为假设它们能包围，就会产生一种矛盾的说法。第二个答案是符合定义的（直线性和收敛性是矛盾的），而第一种说法是符合经验的。然而，这两者绝不是不相容的。相反，它们很可能共存；但第二个显然不是根本的。因为如果我们问"直线性和收敛性的概念从何而来"？我们只能回答"来自经验"。然而，除了经验之外，"符合定义"不能使我们区分真实和虚构——不能告诉我们某事是头脑的创造还是实际的（客观的）现实。

因此，真理的最高标准是无限重复和无争议的经验，"确定性"和"必然性"必须通过这一点来检验。不管什么事物，只要能经受检验，都具有现实意义和哲学价值。

（4）真理是合理的或不合理的。

合理的真理是：①通过推理或论证获得的真理，而不是通过直觉；②系统化的，协调统一的真理（无论从何而来），成为一个哲学统一体。第一个方面也可以这样区分：根本的和衍生的，初级的和次级的，不言而喻的和被证明的。对于第二个方面，其标准是自我一致性，没有矛盾。或者说，系统的一个部分与另一部分协调一致，它所用的材料被协调或很好地调整，就像砖块贴在砖块上，建筑完工后呈现出一个统一的建筑整体的外观。

　　同样，不合理的真理是：①原始的、未系统化的——它们本身在哲学上是没有价值的；②通过直觉感知的，无论是关于客观世界还是主观世界。然而，因为它们是通过直觉获得的，所以不一定是真实的，它们要像其他真理一样接受检验，只有经过适当的检验和证实才能被接受。

第八章　哲学问题的分离

在哲学中，无论对于解释者还是对批评家来说，把看似不相关但又相互关联的问题区别开来是极其重要的一点。它可以使我们头脑更加清晰，思维不混乱。而且，它还是对防止严重的逻辑谬误的重大保障。这个过程本质上就是定义。它是对混在一起的事物的辨析，同时也是对不同的事物划清界限。

然而，在这方面的懈怠是很常见的，而它也导致了无休止的争论和误解。哲学中的所有学科——逻辑、心理学、伦理学等都受到它的影响，更不用提形而上学和本体论了。

在讨论哲学问题的分离时要注意两个规则：首先，将实际问题和理论问题分开处理。至于顺序，要从第一个开始，而不是第二个。其次，在每一个研究或争议中，都要确定探究的限制。例如，正是因为第一条规则，在确定某事物的起源之前，我们会先思考它的本质；正是因为第二条规则，我们将根本问题与其他问题分离开来，单独处理。然而，这些原则都没有得到足够的重视，因此就产生了很多混淆。

如果我在这里稍微把这个问题解释得清楚一点，也许不会有什么不妥；由于我的主要目标是阐述逻辑方法是如何起作用的，所以我们最好以举几个例子的形式来说明这个问题。

一

或许从一些围绕着同一个哲学概念的问题说起是非常合适的。既然形而上学是一个很吸引人的领域，那我们就从"cause"（原因）开始吧。

第一，首先要问的和要解决的问题是：这个概念的含义是什么？我们在哪里寻找它的特征？原因至少可以代表三种不同的含义。一方面，它可以代表"优先"或"先行"；另一方面，古老的斯多葛学派的观点（西塞罗将其西化）认为它是效用或能力；密尔认为它是共同条件的总和——包括肯定的和否定的（包括某某事物和不包括某某事物）。如果我们在推理过程中严格地使用其中一个含义，那么这个过程就会很清晰。相反，如果我们不加思考地在不同含义之间切换，那就会引起歧义。

在关于自由意志的争论中可以找到关于它的例子。很多时候，争论者们都没有重视"动机（motive）是原因吗？"这个问题，这就导致了很多不令人满意的情况。这个问题很大程度上是由于"原因"这个模棱两可的词而产生的，而答案（不管是肯定的还是否定的）取决于怎么解释这个词。那么，我们是否应该采用密尔的说法，把它理解为全部条件？如此一来，动机必须被视为所有决定我们选择的东西，因此外部动机和内部动机所共有的特征就变成错误的和有误导性的了，而且关于自由意志的困惑也在很大程度上被简化了。那么我们要从抽象的、分析的视角去解释"原因"吗？也就是把它视为能力（efficiency 或 power）的同义词吗？这样的话，就有必要将外部事物的推动力和我们内心世界的本质、规律和原则区分开来，而自由意志问题也只能是一个谜了。答案的对与错在很大程度上取决于我们对于最开始的那些东西的选择，而这又在很大程度上取决于我们如何理解"原因"。

当原因被视为"根据"（ground）或"理由"（reason）时，也同样会引起混淆——关于"信仰"（belief）的最显而易见的混淆。通常人们相信某某事物，并认为只要给出他相信的原因就足够为其辩护了——说明它是如何产生的，在什么条件下产生的。然而原因是一回事，根据或理由完全是另一回事。理由完全是理性的，说的是为什么我们接受。而原因是非理性的，在我们了解了事物之后可能会反对这个原因。原因解释其发生，理由为其辩护，如果我们将二者混淆，那么就会出现错误。

第二，说完了含义之后我们来说来源。这个概念是来自意志，还是来自的经验？如果来自经验，它是物理的还是心理的？如果来自心理经验，那么将它扩展到外部世界是否合理？虽然这样的话需要讨论拟人论——确实必须被讨论，如果要明确这个问题的话——但这个问题不能传达这样的印象，即人类有可能获得与他自己完全无关的知识。"与人类智力无关的原因是什么？"这样的问法是毫无意义的。如果我们能解决这个难题，我们就能完成这样的伟大壮举——是人的同时也不是人。

第三，接下来我们来说因果原则——原因是什么？如何最好地表达它？毫无疑问，我们对这些问题的答案很可能取决于我们对这个概念的理解，但也不一定如此。这两个问题密切相关，但它们绝不是相同的（正如含义和来源是不相同的一样）。如果我们不分开处理，那么就会引起混淆。假设我们接受这样的说法，即原因是条件的总和，那么我们可以说，"每一个结果都有其原因"（every effect has its cause）。然而我们不能用不确定的形式"has a cause"来表达，因为在这种含义下，只能有一个原因能够产生某个结果。在这里之所以我们可以用两个相同的命题来进行表达，因为结果和原因只是同一事物的不同方面。如果我们把原因等同于生产者（producer），那么我们可以说"每一个结果都有原因"或"所有东西都是足以产生它的东西的结果"（everything that begins to be is the result of something adequate to its production）。但使用不定的"a"或"something"，就表示可能存在多种原因，或者不止一种原因可能产生相同的结果。只有当我们采用了上面所说的第一个含义的时候，也就是"优先"或"先行"，同义反复才得以避免。

但是表达因果原则的时候有一部分困难与原因有关。对事实的简单陈述是否足够？我们是否需要介绍必要的情况？我们是该用"有"（has）还是"是"（is），还是"必须"（must）？这是一个影响原则的问题，但当我们仅仅考虑这个概念时，就与它们没什么关系了。起源（genesis）可能确实与它有关，但是它在起源理论出现之前就已经有了。因为，事实上，与其说创世纪理论塑造了我们对这个原则的看法，更有可能的是我们对这个原则的看法决定了创世纪理论。因此，有必要将这些问题严格分开，并对它们进行单独处理。如果说因果是相关的，那么我们可以看到，它们的相关关系正是存在于一般的相关关系之间。这只不过是——给出一个，那么另外一个也就给出了：说"每个结果都必须有原因"并不比说"每个高地都必须有山谷"或"每个父母都必须有孩子"有更多的意思。

那么，因果原则和（目的论的）设计原则之间的关系是什么？后者仅仅是前者的特定应用吗？如果是这样的话，其中一个的表达方式可能对另外一个来说就不正确了。如果"设计需要设计者"这种表述对于目的论者来说是合适的，那么对于形而上学家来说，与之相对应的表达"结果需要原因"不合适吗？如果在第一种表达中隐含着关联关系，那么第二种表达有什么不同吗？

第四，现在出现了起源的问题。这与我们之前提过的概念的来源相似，但有所不同。正是这种差异使得我们必须分开解决这些问题。在这里，我们有经验和直觉两种选择。但是如果我们接受第一种选择，我们不仅要说明人类对原因一致性的坚定信仰，我们还必须证明这种信仰是合理的还是不合理的。众所周知，休谟找到了关键，但是他认为他的发现证明了信仰是不合理的。然而他的继任者注意到了他的结论是不当的。没有什么真理比这更值得坚持了——知识的经验来源不一定意味着不确定性和错误。

接下来我们来说证明。这个原则的证据是什么？怎么建立它才是最好的？如果它是"第一原则"，那么直觉就是充分的标准，也就不存在可能性之说了，同时也没有必要去证明了。但是，如果在哲学家之间对原则的正确表达、适用范围或与之相关的任何其他问题没有一致意见的情况下，那我们很难接受了。那么，证明是必要的，拒绝证明就等于承认我们不能回答这个问题。

第五，关于原因的范围。它是否只存在于外部世界，存在于自然事物之中？还是它的影响也包含了心灵的领域？或者二者都包含吗？是包含整体还是只包含一部分？这里我们不可避免地要说到奇迹和自由意志。但是，不管我们所允许的原则范围有多广，特别要注意的一点是，我们的决定不影响我们对因果原则的陈述或我们对概念的理解。这些原则在物质世界中可能也是有效的，我们可以根据它来调整我们的生活，不管我们对奇迹和超自然现象的信仰是什么。把原因的概念追溯到意志的哲学家正是那些最有可能否认因果律在意志方面作用的人。关于范围问题完全是一个单独的问题，不能与概念含义的问题或原则的表达方式的问题混为一谈。

因此，这里至少有五个问题（或五组问题）都与同一个主题相关，但每个问题都是不同的，都有自己的价值。我们也不能从一个作家对其中一个问题的解答中，准确无误地推测出他对其余问题的真实态度。许多人，像亚里士多德和其他古人一样，根本没有处理过这样的原则：主要是因为在拉丁世界，这个概念有很清晰的解释。和洛克一样，许多人也接受了西塞罗对这一概念的定义："原因是有能力的"。因此，我们不能仅仅把它想象成一个前提，而应该是一个有能力的前提，而他们已经把它的起源追溯到"我们的感官对事物变迁的注意"，换句话说，追溯到了对没有我们的世界的经验。许多人像库辛一样，在自我意识或意志中找到原因的根源，而他们认为这些原则是从一开始就存在于头脑中，随后被经验唤起。许多人像必然论者一样宣扬动机在决定行动时的影响，但拒绝承认原因和动机是一样的。这些混乱确实令人震惊，也许其他任何领域都无法与之相比——除了知觉领域。可悲的是，逻辑方法的要求被忽略了，所以不可避免地会产生矛盾。

刚才提到了知觉。老路不需要再走，但是现今有两个错误特别普遍，简单地提一下可能不会不合适。一个是把外部感知的问题与其他完全不同的关于人类思维构成问题相混合；另一个是涉及经验主义者的理想主义和他的哲学方法。

刚才我们提到了感知。在此我们就不再重复介绍了，但是目前有两个错误特别普遍，有必要加以讨论。一个是将外部感知的问题与另一个完全不同的关于人类心智构成的问题混为一谈；另一个是涉及经验主义者的理想主义及其哲学方法。

对于第一个错误，很常见的是在讨论外部感知的问题时，说的好像在讨论唯心论和唯物论对比的问题一样，其结果可想而知。"思维的本质是什么？"是一项最有趣和最重要的探究，但是它与感知的问题无关。另外，回答这个问题也不能说明一个特别的关于思维的观点，而且让这种说明成为必要的做法充满了有害的后果。

关于第二个错误，物理学家和经验理想主义者将被归入一类，因为他们的方法相同，而且两者有着共同的基本原则。但是物理学家的方法是外在的和独立的，对象是被直接认知的。而理想主义者的外部世界既不是外部的也不是独立的，我们立即认识到的是意识状态。因此（有人认为），经验科学在这里与经验哲学相矛盾，这对哲学来说更糟，反驳也很明显。物理学家的现实主义恰恰是实干家的现实主义，如果是这样，就没有什么特别的哲学含义。现在已经证明，并且被普遍承认，出于实际的目的，普通人或常识的现实主义对现实主义者和理想主义者同样有效。因此，在处理实际事物时，物理学家的态度与理想主义者的态度之间的不一致和它与普通人的态度之间的不一致是一样的。下面这个观点是错误的：因为物理学家和经验哲学家在方法和其他方面一致，所以他们在所有方面都一致。人们忘记了他们两者有不同的目的；这种目的的差异消除了反对的观点，也解释了为什么它们看起来是相反的。

如果现在我们从形而上学转向伦理学，我们会发现各个方面都有大量的例子。我们有一个例子是关于伦理与宗教的混淆，另一个例子是理想的伦理学说与实际存在的学说的混淆，还有一个例子是忽视目的和动机之间的区别。然而，谁会不知道伦理和宗教是两回事？谁会不知道实际的伦理与法律上的伦理绝不相同？又有谁会不知道一个行为的目的与其动机是不同的？行为的"目的"给了我们关于行为的检验和标准，使我们决定它的价值，而"动机"是一种道德约束。行为是仅仅倾向于个人的利益，还是倾向于集体利益？自我是行为的中心和衡量标准吗，还是说它们超越了自我，拥抱其他自我？它们是自私的还是无私的，利己的还是利他的？上述问题与以下问题完全不同——行为是出于责任，还是出于对快乐的欲望？出于害怕惩罚还是渴望回报？

但是，在围绕着核心伦理概念，即德行的一组问题中，所有的情况都是一样的。

这里也跟原因一样，首先是概念的确定，然后是对其来源的考虑。

这一概念的问题有些特殊，部分原因是德行作为一种行为必须与作为一种习惯的德行区分开来，部分原因是德行必须与道德和责任明确区分开来。这一点在第七章已经谈过。读者参考"virtue"标题下的内容就足够了。

清晰的概念是有益的讨论的首要条件，然而混淆的概念在伦理学研究中层出不穷。例如，巴特勒在他的《论文》（*Dissertation*）中，没有任何地方可以让我们找到他对德行的确切理解，尽管德行是他特别对待的话题。最准确的应该就是他把它定义为"公正、诚实和考虑集体利益"。这是一个通过列举细节进行的定义，但是既不详尽，也没有说明德行的本质。除了正义、诚实和仁慈之外，其他东西也可以是德行，而且并非所有公正、诚实或仁慈的行为都是高尚的。例如，仁慈，如果它只是自然流露的一种轻松、和蔼和人道的性情，那么它称不上德行。我们也不会在没有谎言诱惑的情况下因为说真话而受到赞扬，也不会因为在不会出现不公正的情况下做正义的事而受到赞扬。一般而言，"仅仅没有犯罪——在没有可能犯罪的情况下——并不是德行。没有诱惑，单纯的无罪是没有价值的"。的确，巴特勒的每一个细节在某些情况下都可能达到德行的高度，当然其他细节也可能达不到（如仁慈和谦卑）。但正是这种特性给了我们定义特征，这个特征就是，在德行中我们表现出无私或自我牺牲，而在没有了它们，就谈不上德行。如果看到这一点，我们就能避免混淆德行、道德上的正直和责任，它也会给关于道德能力的讨论带来额外的意义。

类似地，除了概念清晰之外，关于德行代表最终伦理目的的能力，也没有明确的结果。只要像责任、义务、德行这样的主要术语是没有分别的，争论就一定是无休止的。只有当我们对它们进行清晰而一致的分离时，才能找到一个积极而又明确的结论。

在确定内容后，我们来说来源的问题。和其他词的一样，这必须在它自己独有的基础上进行论证。这里也牵扯到了尊严（dignity）的问题，研究我们对一个来源的看法如何影响我们对另一个的看法是合理的。然而，有一件事是完全不合理的，那就是理所当然地认为经验来源事实上是贬义的，或者说是"衍生的"（derivative）和"退化的"（degraded）。

作为行为的动力，接下来我们来考虑德行和责任之间的关系。出于责任感而行动只是服从命令或受到约束（如康德所说，"责任意味着对非自愿做的事情的约束"），而另一方面，以德行为目标的行为则是在爱的冲动下试图实现理想——这两件事作为道德动机显然是完全不同的，因此必须讨论这样一个问题，它们的道德价值是什么？它们相差多远？换句话说，我们必须问，除了善良的意志（并不总是考虑责任）以外，难道世界上没有任何东西可以被称为绝对、完全的善吗？或者世界上有没有绝对善良的意愿？如果有的话，它能表示人类最高形式的道德吗？

接下来说德行和知识的关系。我们把这一点单独来说，不仅仅是因为这个问题的历史重要性（可以追溯到苏格拉底），更特别的是，因为它对生活和实践具有重大意义。然而，根据我们对"知识"和"关系"的理解，这个问题可以有很多方面。知识是否被认为是智力启发？还是我们应该把它局限于对行为后果的知识（对自己、他人或两者的影响）？或者，它是否表示某种情况下，关于什么是正确的道路的意识？还是被视为等同于广泛的经验和一般文化？或许上述情况中没有一种可以让我们觉得"知识就是德行"，但是在每一种情况下，都可以证明两者之间的联系是非常密切的，每一个方面都要注意。关于它们的关系，我们会问——当德行微弱时，知识会刺激德行吗？这里它表示的就是因果关系。或者，它使我们能够确定自我牺牲的地位吗，在心理对抗下，自我牺牲究竟有多么合理？这里它发挥的是指引、调节、控制的功能。或者，它拓宽了我们的视野和同情心吗？这里它呈现出教育家的形式，并对伦理学很有意义，因为开阔的视野有助于人们变得无私，而且同情是德行的根本。整个问题很复杂，但却很有趣；而且，当它触及行为的许多方面时，它要求道德家仔细考虑其所有分支。

当我们把德行与人类的理想未来联系起来看待时，它们的关系如何？

因为这个问题纯粹是推测性的，所以许多人可能会拒绝讨论它。但是，对于所有相信人类光明未来的人，以及那些相信自我牺牲是实现我们所渴望的目标的重要手段的人来说，这个问题充满了深刻的现实意义。特别是对于进化论者来说，对它的考虑变得势在必行。基督教伦理学家也进行了类似的研究——关于不朽学说和"居住着正义的新天地"。它的实用价值在于，事实上，人们的行为极大地受到理想的影响，而能创造正确生活的理想的力量反过来又取决于它能在多大程度上被我们接受（使我们被吸引或满意），以及取决于我们对它最终实现的可能性的信念的坚定程度。

也许这里就可以结束了。但是有必要说一说关于我们本质中善良或自我牺牲的部分与利己主义或自我考虑的部分之间的正确调整。而调整的标准可能存在于内部（如在良知中），也可能在外部（如在上帝、君王、国家的意志中）。

我不是说这几个问题在所有文献中都混在了一起。但是，没有一个英国伦理作家对所有方面都足够谨慎和有所区分，而明显产生混淆的例子也绝非罕见。我们需要的首先是明确概念的含义，然后（根据不同的含义）单独讨论各种相关问题。只有这样，我们才能达到清晰和精确，并达到如此渴望的目的——对精神哲学的伦理分支的科学处理。

二

下面说的内容与前面的有着密切联系，实际上是同一过程的一部分，但为了强调，也有所区分——说明问题的确切范围。这具有双重含义：①具有一个明确的主题，限制于一个学科，但由于陈述含糊不清，容易被误解；②涉及一个主题的不同方面，因此需要在不同的学科中处理，各个方面根据问题所在学科决定。

（1）假设问题是"意志是否自由？"我们的首要任务是通过对行为领域的筛选，确定自由可以合理地存在于哪些领域，以及它不能立足于哪些领域。否则，我们就又陷入两个极端的风险——把这个问题过度延伸，或者把它缩得过小。当我们没有察觉到自由是受意识制约的，以及没有察觉到所有无意识的和所有潜意识的行为都不在我们考虑范围内时，我们就会过度扩展它。当（像西塞罗、康德、汉密尔顿和许多现代人那样）我们把这个问题与道德自由——从动物的束缚或我们本性的低级原则中解脱出来，并服从道德法则——联系在一起时，我们就过度限制了它，忘记了意识比良知更广泛，道德自由并不能代表所有情况。同样，当我们把自由意识和自由信念等同起来的时候，我们就过度扩展了它。因为这两件事本身完全不同，后者比前者更广泛。当我们把这一点局限于仅仅一种行为，如深思时，我们就不恰当地限制了它。如果我们希望成功回答"意志是自由的吗？"这个问题，就必须首先回答"假设自由存在，我们在哪里可以找到它"？

同样，还有一个的问题，"最终的道德目的是什么？"除了"目的"（end）这个词模糊不清以外，这个问题通常被认为等同于另一个问题，"人们有意识地把什么作为他们的最终目的？"但是只需片刻的思考我们就能明白这两者绝不相同。最终的目的不需要是，也一定不是人们意识到的东西，即一个人在他存在的每一刻都要追求的目标。由于人们的性格本身在很大程度上是由习惯组成的——它是一种产物、一种形成物、一种通过时间和精力建立起来的东西——所以有意识的目的的范围，即使是在道德方面，也必须受到限制，而真正驱使行为的原则在许多情况下可能仍未被我们察觉。此外，我们从经验中知道，行为的直接动力是多方面的以及多种多样的。尽管有时我们会被德行感动，但在其他时候，我们的行为可能是出于对幸福或快乐的追求所决定的。因此，有意识的动机并不是最终目的的特征，在我们确定至善行为的本质和特征的时候，必须要考虑到这一点。

同样，心理学和逻辑学都为我们提供了丰富的例证，但在这里不需要再提了。

（2）第二类问题同样重要。首先来说"概念"（conception 或 notion）。就概念的形成而言，它属于逻辑的范畴，因为它是一个概括的过程，而且关系到两个重要的过程——定义和分类，后者包括划分。但是当我们超越这一点，提出现实主义与概念主义和唯名论的争论时，就进入了心理学和形而上学的范畴。

"判断"（judgement）一词也是如此。它包括很多方面——逻辑学的，形而上学的，还有心理学的。但是现在有一种把它们都混在一起，把它们都放到逻辑学中讨论的趋势。尤其值得注意的是一个形而上学问题——例如，一个命题的主项是什么——是现实还是简单的观念？如果是前者，是现实的呈现还是仅仅是现实中的某样东西？这种说法可能是受到了黑格尔的影响，只有我们像黑格尔一样将逻辑学与形而上学等同起来，才能接受它。出于同样的理由，我们可以在逻辑学中提出关于知识的起源的讨论，因为这个问题无疑涉及了判断的逻辑学说，它说的是分析命题和综合命题的区别。但是这个话题在形而上学中是一回事，在逻辑学中又是另一回事，两者混淆无助于理解。

在一篇逻辑学论文中，关于观念的联系的问题，或者知识的相对性的问题是不相关的。尽管这两者都有不同的逻辑学意义，尽管我们看待它们的方式不可避免地会影响我们对逻辑学本身的看法，然而它属于心理学，把它转移到逻辑学相当于用另一个领域的话题来加重一个领域的负担。只有明确它们之间的界线和区别，才能确保成功的阐述。

在伦理学中，我们也会遇到类似的困扰。例如，在当今的伦理学讨论中，道德和自由意志往往被混在一起。关于这一点，早期的英国道德家比我们知道得更清楚。道德意识理论的创始人沙夫茨伯里（Shaftesbury）根本没有处理自由意志问题。在这方面，他与哈奇森一样，两人都认为良知、对与错、责任、义务都是对于自由行动的教导。如果不把它们分开，人们永远不要期望道德科学能够清晰、精确。同样，伦理学和社会学很相近，但却又有区别。然而目前的趋势是消除它们之间的界线，使二者混为一谈。

同样，"我们怎么了解心理？"这个问题包含很多种处理方式，取决于它被放在哪个领域中。如果在心理学中被问到，那么答案很自然地就是主观或内省的方法——对个人意识的检验——而客观的方法或者注意他人心理特征的外在表现（尽管非常重要）处于次要位置。另外，如果把它与进化论联系起来，那么重点就必然放在客观方法上——放在研究其他有情生物的心理表达上，尤其是低等动物或野兽。如果把它放在教育和教师方面，那么客观方法仍然占有突出的地位。只是所关注的情感表现和所记录的心智成长主要是针对年轻人和儿童的。在任何地方，我们都需要谨慎地分析、辨别应用范围，否则就会导致模糊蔓延，混乱盛行。

心理科学的其他分支也是如此。目前各个学科的界线都很模糊。尽管在哲学的每一个领域的边缘总会有一个有争议的区域，但每个领域的范围依然需要清楚地界定。除非我们做到了这一点，否则就不要寻求清晰和进步了。

三

到目前为止，我们认为问题分离是一个合逻辑的做法，其目的是两个不同的东西，即恰当的阐述和对于无关批判的反对。但是有些问题是独立存在的，并且应该加以区别。这些问题是关于根本的事物的，而作为根本的，它不是用来讨论的，而是用来作为出发点的。如果看到这一点的话，就会为我们省去许多枯燥的篇章，为我们节省很多的时间。

关于根本事物的问题的出现有两个原因：①忽视了一个事实，即探究是有限度的；②试图将矛盾结合起来，或将不能比较的事物结合起来。

第一点在下面的例子中可以看到——人类渴望幸福。这是一个根本事实。但是许多人继续问，人们为什么要渴望幸福？——他们想要的是答案，而不仅仅是陈述。在这一点上，他们把事情推到了合理的范围之外。事物的本质已经决定了它的极限，如果他们认识不到这一点的话，就会一直处于困惑之中。同样，在只有概率来指导我们的情况下，合理的做法是接受概率最大的选择。但是如果你要问"为什么这样做是合理的"？我只能告诉你"它就是这样的，2大于1"。同样，当我们问这样的问题时，这也是犯了同样的错误：为什么健康比生病更好？清醒比疯狂更好？自由比被奴役更好？理智比欲望更好？德行比邪恶更好？在这里，"为什么"这个问题是不合适的，我们必须满足于对事实的了解。

第二种趋势也很常见。例如，快乐是吸引人的，而痛苦是令人反感的，这是一个本质事实，这一点已被确定，无可争议。同样无可争辩的是，三段论的结论可以立刻从它的前提中得出。通过一个必要的序列，一系列推理可以从另一系列推理中得出。但是，作为人类行为动力的痛苦和快乐与推理或用三段论论证这样的智力过程之间有什么共同点呢？一个是感情的，另一个是智力的，而将两者混为一谈是不恰当的（正如有时所做的那样）。同样，外部感知中自我向非自我的过渡是形而上学的难题。伦理学中也有自爱到爱他人的过渡，但第一个是"头脑"的事情，第二个是"心"的事情，不管两者之间的类比有多有趣，都不能将二者同化，也不能将二者都包含在一个共同的解释中。在其他矛盾被结合，或者不可比较的事物被结合在一起的问题中，也是这样的。

然而，请注意，"根本"有两种含义。它要么是绝对根本的，要么是只对所考虑的特定学科是根本的。绝对根本的是我们无法超越的东西，以及当我们试图缩小它的范围时，会使我们陷入矛盾之中的东西。当一个学科的基本原则在另一个学科中也是合理的时候，就可以看到相对根本了，如逻辑学和心理学，心理学和形而上学。这里只需要给出第一个的例子。

我们从相对性（在它相关性的意义上）开始，我们发现它是绝对根本的。所有有意识的经验都意味着状态的改变，对它们的区分是不可或缺的。但是同时也要承认它们确实有相似性，因为没有相似性，就没有差异。因此，当我们进一步问——两者中哪一个在时间上是优先的？换句话说，相似先于差异还是差异先于相似？——从本质来看，我们问了一个无法解答的问题。在初级意识中，根据我们能够形成的任何意识观念来看，这两个因素是结合在一起的，而这正是心理推理的出发点。

下面这个问题也是一样——假设原色不是基本颜色，那么颜色的概念是什么？我们确实有猜测的余地，但我们永远不要期待有一个明确的结果。不管我们愿不愿意，它们就是我们的经验，试图超越经验是毫无希望的。我们不能站在自己的肩膀上，所以猜测结果纯粹是浪费时间。但是，如果我们真的进行推测，我们需要明白它只有辩证的价值。

同样，记忆也是根本的。心理学的一个基本假定就是记忆是可信赖的，因为我们无法控制自己。每一次试图证明它是完全不可信的都是自相矛盾的，因为这种证明的前提是假设记忆是真实可信的。

思想对语言的依赖也属于同一范畴。事实证明，这两者共同发展，其中一个的发展意味着另一个的发展，反之亦然。但是，"是否没有了其中一个，另一个也能存在"？实际上是一个毫无意义的问题。无论怎么做，都没有任何信息能使我们给出答案。

这与著名的思想法则是一样的。如果它们不是根本性的，那就什么都不是，我们只能说它们必须被认为是理所当然的。推理只能在某些假设的基础上进行，如果拒绝这些假设，就无法进行推理。当然，如果能找到替代，也是可以的。这与"是否这些法则在某种情况下被违反了？"这个问题完全不同，这个问题不仅可能被提出，而且会产生争论。然而，最终检验的恰恰是那些根本性的思想法则。

伦理学也是如此。有一些伦理学说是必须作为基础，作为我们的出发点的。自爱和仁慈（利己主义和利他主义）具有这种性质。它们都是人类组成中根本性的东西，任何试图证明它们的存在，或者将二者混在一起的尝试都注定要失败。例如，巴特勒的观点（在《讲道辑录》中说的）的崩塌，这个观点是关于"什么（自普赖斯时代以来）是欲望的对象"——它被认为是对于"无私"的存在的证明。在《道德的主要问题综述》中，我们可以清楚地看到普赖斯是这么理解的。但是，巴特勒自己是否真的这么认为是很值得怀疑的。相反，他的态度（看起来）有些不同。他同意在人类组成中无私和自私的存在是事实，通过他的欲望学说，他表示两者之间确实没有矛盾或对立。他认为自爱是我们本性中的一个事实，它的目标是内部的，即我们自己的幸福。同样，仁慈是我们本性的另一个事实，它的目标是外部的，即他人的幸福。但是除了仁慈，还有其他我们本性的事实（即某些欲望、激情和情感），其目标是外部的——例如饥饿，其对象是食物。在这方面，仁慈与它们是一样的（它的目标，像它们的一样，是外部的），因此必须与它们联系在一起。但如果是这样的话，自爱和仁慈之间的矛盾不会比它们和自爱之间的矛盾更大。但是没有人认为自爱和它们之间有任何矛盾。因此，没有人认为自爱和仁慈之间有任何对立。无论怎样，它显然不是对"无私"的存在的证明。对此的证明（严格意义上）是不可能的。

因此，试图将德行限制为我们本性的一个单一的原则也是徒劳的。只有通过一些花招，才能使纯粹的利己主义者或是纯粹的利他主义者的学说看起来是有道理的——通过把他一开始排除的原则或因素又偷偷地引入。难道个人的利益要被视为全部的德行吗？如此一来，它就等同于审慎，审慎与自爱相同，自爱又被定义为一种理性原则，而关于个人的善的理性会让我们考虑他人。或者，是仁慈要被视为全部的德行吗？那么仁慈必须是由理性指导的，理性包括良知（"理性"，巴特勒说，"不仅包括对正确事物的辨别，还要用它来规范我们自己"），而通过良知我们可以知道审慎是正确的，这样矛盾就出现了。因此，一个原则显然是不够的。我们既不是只有利己主义也不是只有利他主义，伦理学的最大难题实际上不是如何将一个原则转化为另一个原则，而是如何平衡这两个原则，既不会湮没其中一个原则，也不会过分推崇另一个原则。

同样，把某些事物误认为根本的事物也是错误的，如人们试图把人当成一个纯粹理性的存在，却忘记了他是既有脑袋也有心，既有思想和观念，也有感情和欲望。同样的错误也在更大的范围内出现过，一些道德家把伦理引向宗教，把神说成是纯粹的理性。没有什么比这更片面或更错误的了，如果正如普莱斯所说，"上帝最大的荣耀是他没有成为行为原则的可能性"，那么今天的有神论（建立在"上帝就是爱"的观念之上）就是错误的，并且它们之间没有任何结合的希望。

有些问题是根本的，应该被这样对待。但是这些根本问题显然需要检验；如果没有检验，我们就有可能把我们想要的东西视为根本的。那么检验是什么？这只能是一件事——经验。根本的事物是在我们的经验的指导下不能被简化为任何更简单的事物。它在我们把一个问题简化为一个更加基本的问题（依然符合经验）的过程中出现。但经验是会变化的。这样的话，一个目前的根本问题以后就可能不是根本的了吗？可能是这样的。但在那之前，我们必须认为它是根本的。当它们发生了转变，其理由和辩护仍然是经验。先验推理确实有帮助，但也是在我们获得了某些后验概念（如精神和人类本性）之后。有一点我们可以放心，即无论什么推理导致我们陷入矛盾或困惑，事实上都是愚蠢的，它被自我谴责为虚假和无能。

四

一些我会称之为不必要或多余的问题在这里值得一说。确切地说，这些是模态问题，不过它们被用在不需要它们的地方。例如，当我们在寻找一个事物时，最好询问它存在的可能性——是有可能的、很可能的还是确定的。此外，当我们需要进行判断的时候，当我们需要决定未经尝试的行为的结果的时候，我们也需要权衡相关根据的程度。但是当结果已知时，或者当我们实际掌握了一个事实时，所有这些问题就变得没有必要了。一旦承认了存在幸福或责任这样的东西，尽管你可以合理地对这些概念进行充分和正确的分析，但问这些概念是有可能存在的还是确定存在的是荒谬的。一个事物的存在解决了所有这些问题，于是模态存在变成了一个荒唐的想法。

然而，与其说这是分离问题，不如说是忽略或避免问题，所以我们在这里仅仅简单提一下就够了。

第九章 哲学问题的陈述

毫无疑问，正确地提出一个问题是解决问题的一半。哲学中的许多困惑和误解可以归因于错误的提问。由于缺乏对提问和回答方式的彻底的训练，一些优秀作家也会犯一些错误。在这方面，我们做得不如古人好。无论亚里士多德的《分析篇》（*Analytica*）和《论题篇》（*Topica*）以及经院学者的争论有什么缺陷，它们都有这样的优点，即它们提高了智力，并使人警惕词语的陷阱和表达的歧义。

在前一章中，在处理问题分离时，不可能完全忽略对问题表达方式的考虑。但是，由于这是一件相当重要的事情，最好把它拿出来单独讨论，进行更全面的处理。只有这样才能充分揭露定义的主要谬误。

在这里我们考虑几个主要的问题模式，在这些模式中，问题可能会因被错误地提出而产生误导。

1. 我首先要提到的是：问题可能因为太过模糊而误导人们。

有时会有人问，正义（justice）比慷慨（generosity）更好吗？这样问是没有答案的，首先，要去定义问题的范围。我会问，"对谁更好？在什么情况下？"如果你只想到法官，那么可以肯定的是，由于法官的职责是主持正义，对他而言正义无疑比慷慨更好，在法官的范围内，"做到慷慨之前首先要做到正义"当然成立，而且毫无例外。其次，假如一个人要么被免除债务，要么赔得一分钱都不剩，如果要决定的是，"在其他条件相同的情况下，慷慨的或严厉的处置哪个是更和蔼和更可取的？"，那么前一个答案将被颠倒，在这种情况下，慷慨将被置于正义之前。最后，如果你分别考虑慷慨和公正的后果，答案将是有时一个更好，有时另一个更好。在你恰当地限制问题的范围之前，讨论没有一点益处。只有给定了适当的限制和约束后，才需要去寻找令人满意的结论。

同样，像这样一个一般性的问题，"德行可以传授吗？"，无论是否定还是肯定我们都不能立即给出答案，而是首先需要分析和确定。我们要问，"这里说的德行指的是什么？可以委以教育任务的老师又是谁？"除非我们弄清楚这一点，否则我们无法继续下去。

一些人发现要理解苏格拉底在这个问题上的立场有困难，正如柏拉图对话中给出的那样。唯一与苏格拉底的格言"无知即邪恶，知识即德行"，以及与苏格拉底的诘问法相一致的态度是坚持德行是可以传授的，苏格拉底非常强调这一点。但是，在《普罗泰戈拉篇》（*Protagoras*）中的某个部分，他似乎坚持相反的观点，认为德行是不可传授的。其解释是，他考虑到了一种特殊的德行（政治）和一个特殊的教师群体（诡辩家），他的一般立场和这个特殊的立场没有矛盾，两者都是正确的。

那么，在陈述一个问题时，歧义很多时候都来源于表达的模糊性。当我们因为这个原因遇到困难时，我们的首要任务是确定问题的范围。除非我们首先准确地决定所要讨论的范围，否则不可能取得任何进展。

2. 问题中所使用的词（一个或多个）可能是模棱两可的。

例如"完美"（perfection）。那些把完美视为人的主要目的的人需要先向我们解释这个词，然后我们才能接受或拒绝他们的立场。"完美"可能意味着一种理想状态，我们能想到的最高境界，呈现在想象中，但从未实现过，也不能保证实现的可能性。或者它可能意味着人类被赋予的所有能力的充分、完美的运用，是存在和环境的完美适应的结果，而且有证据表明人们正在逐步向它靠近，因此，可能人们总有一天会实现这一点。假如我脑子里的是第二个概念，那么我就会认同"完美是人类的目的"这个格言，可是如果没有必要的解释的话，这可能被视为赞同另一个脑子里只有第一个概念的人。虽然我和他表面上是一致的，但本质上有所不同。

同样，唯物主义（materialism）和唯心主义（idealism）这两个如今被如此自由地谈论的词，是非常模棱两可的，任何关于两者的问题都必须首先对它们进行区分。唯物主义是指：（1）主张物质是宇宙中唯一现实的学说，它把精神简化为物质的单纯功能；（2）它给外部世界问题提供了特殊的解答，在"外部世界"的先前含义中，没有（或者不需要）任何"唯物主义"的含义；（3）它代表有神论的对立面，是对不包括上帝的宇宙的解释。唯心主义是指：（1）现象主义或一种学说，认为精神永远不能超越它自身，所有客观认识都受（主观）自我的制约，外部世界是一种意识模式；（2）一种学说（引用凯德校长的话）"思想和物质，自我和非自我，智力和它的对象，单独来看，只不过是抽象的，它们没有可想象的对立的（因此也是相关联的）存在。不涉及非自我的自我，以及不涉及自我的非自我，是不可能存在的概念，就像一个没有外部的内部，一个没有下层的上层，以及没有消极的积极"；（3）关于认识来源的学说，把认识归于到更高的理性，并赋予它普遍性、必要性和确定性。因此，任何关于唯物主义或唯心主义的问题都必须首先清除所用词语的模糊性。

进化（evolution）也是如此。如果有人问我是否接受进化论——比如说，在宗教领域——我会反过来问所指的是哪种进化。因为，进化可能表示：（1）一个事物转变为另一个事物的开端；（2）发展，进步，从事物低级状态向高级状态的转变。而且，根据我们所采用的不同含义，我们可能是在陈述一个不容置疑的事实，或者对一个非常可疑的命题发表意见。

这就是我们处理问题的第二项任务，即明确词语的含义。

3. 问题可能包含词语的矛盾。

"是否存在一个外部独立的世界——一个思想之外的世界？"这实际上是一个，尽管表面上看起来很有道理，但在用词上却有矛盾的问题。因为，什么"存在"是思想以外的？或者说与思想没有任何关系的？说它是一个纯粹的抽象并不正确，因为即使是抽象也是为了思想而存在的。任何试图将我们自己置于存在之外，并从我们的角度来决定一个独立的物质世界是否存在的尝试都显而易见是荒谬的。

此外，关于道德义务理论，这种理论将义务视为神的意志，有人问道，"那么，难道上帝没有创造一个被赋予理性的人，完全知道谎言是邪恶的，真理是好的，但却没有说出真相的义务，而且被他允许说谎吗"？这里的混乱来自没有看到上帝和建立在与之完全相反的原则上的造物主是两个矛盾的概念。

圣安塞姆在他的《上帝何以化身为人》中，关于"所有的力量都跟随意志"这个观点，说虽然基督是绝对正义的，但如果他有意愿也是可以说谎的，但随后立即补充道，作为绝对正义，他不可能有这样的意愿。他犯了试图结合矛盾的错误。因为，一旦假定了绝对正义是不可能说谎的，如果基督试图说谎的话，就不能称之为绝对正义了。

下面这个问题中所包含的词也存在矛盾，它经常与自由意志联系在一起——某某过去的行为或选择是否会有所不同？过去就是过去，若假设一个不同的过去，那么整个情况都改变了。

同样，在绝对哲学中，一个引导性的问题是，是否存在超越所有差异的统一？但是"统一"（unity），除非它与"差异"（difference）相关联，否则它是一个没有任何意义的词。而且问"是否超越这个、那个或另一个给定的差异的统一是不存在的"？可能是恰当的——超越所有差异的统一是不存在的概念。

在与德行和幸福之间的联系有关的问题上，经常会出现一些矛盾，它们很容易欺骗我们，除非我们特别警惕。例如，如果说德行是人类的最终目的，那我们就不能把这个命题和另一个命题结合起来——德行有利于幸福。因为"最终目的"意味着它"永远不是一种手段，所有其他事情都是为了这种目的而做的"——我们不能既把某件事情本身，又把某件更进一步的事情同时当作目的。说"德行是它自己的回报"和说"幸福是德行的奖赏和目标"完全是两回事，任何在陈述中混淆这两种说法的问题都是自相矛盾的。

因此，我们必须要对问题进行检查，以确定其用词是否矛盾，以及确定它们是否含糊。这就是第三个我们要注意的地方，要警惕这里潜伏的错误。

4. 我们被问题误导也可能是由于另外一个原因：问题可能会以选择的形式出现，而给出的选择都不能回答这个问题。

在伦理学中，人们经常会问，人性是好是坏？事实上，正确的答案是处于中间的选择，但它没有出现在问题中。人性既不是好的也不是坏的，而是两者的结合，仅仅说一个方面是不能被接受的。

同样，问"人类是平等的还是不平等的？"也毫无意义，因为人们在某些方面可能是平等的（如他们生存和享受生活的权利），而在其他方面可能是不平等的（如能力、机会等）。

此外，问"人们的生活应该遵从理性还是感情？"其实忘记人类是一种复合的存在，部分是理性的，部分是感情的，他的生活确实也应该是两者的结合。

那么在这里，在处理哲学问题时，另一个必要的事情就摆在我们面前。我们要确保我们给出了所有的选择。

5. 问题可能会从错误的角度提出。换句话说，他们可能以与事实相反的顺序出现。

一个很恰当的例子是关于"知觉"的。经常有人问，梦的现象是否会动摇我们对清醒状态的经验的信任？事实上我们应该采取相反的态度。因为，清醒状态的经验是梦的基础和不可或缺的条件。没有清醒状态的经验，就没有梦，我们不能颠倒这个说法，说"没有梦，就没有清醒状态的经验"。除非我们这么做，否则关于梦的问题都是不恰当的。

疾病不是健康的标准，所以精神错乱等病理现象不能用来动摇我们对正常经验或正常信念的信心。一个像下面这样的案例可以说明我的意思："'我看到'，作者的一个朋友在描述治愈的过程时说，'我被安置在精神病院的所有患者毋庸置疑都有某种幻觉，我清楚地看到这仅仅是精神错乱，而不是我认为的事实，但是逐渐地，我得出结论，我自己的信念与他们的信念具有相同的性质'。"这个观点显然是扭曲的，如果我们任由自己被"妄想"冲昏头脑，生活将是无法忍受的。

这也同样适用于以幻觉（illusions 和 hallucinations）为名的错误的知觉。读者可以参考萨利先生关于幻觉的作品来全面理解这一点。

那么，接下来做的事就是，我们必须注意提出这个问题的立场。

6. 此外，还有一种问题，其内容虽然表面上看似相关，但实际上可能不相关。

人们普遍承认思想不同于感觉，思想也不同于行为。但并不是每个人都注意到这个经常被问到的问题中的无关性——思想、行为或感觉中哪一个是级别最高的？它们每个都有自己的领域，而且每个领域都是同等必要和合理的，所以"哪个是级别最高的"？这个问题是不恰当的。这就像问"脑力劳动是否比体力劳动更可靠"？或者"真理是否比正义更可贵"？

同样，植物、动物和矿物各有其价值。如果我们考虑到它们在自然界中各自的位置，就有理由问，从尊严的角度来看，动物是否优于植物，植物是否优于矿物？但是，如果我们问这个问题是为了将这三件事内在的卓越进行比较，那么这个问题就完全不合适了。在这种情况下，这个问题没有意义，其内容也是不相关的。

也许在伦理学中，这种无关性是最常见和最显著的，但是它在精神哲学的其他领域也不少见，并且经常以一种看似合理的形式伪装起来。因此，我们必须要做的是——时刻警惕不相关的事物。

第十章　生物学定义

在博物学中，定义有三种完全不同的含义。第一是去解释某个学科中使用的专业用语；第二是去阐述自然分类的基础——分级系统；第三是用生物的特征区分分类过程中被分为不同组的生物。严格来说，第一个说的是术语学（terminology）的内容，第二个被称为命名法（nomenclature），把第三个单独拿出来看，恰当地说，它就是定义。尽管如此，如果不明确地使用专业用语，就无法处理组间的区别性特征。因此，我会把定义和术语结合起来，以达到我们的目的。

正确的生物学定义

定义——被认为是处理组的区别性特征——依据我们的目的，分为两种。如果我们只是想它有助于识别，那么只需陈述几个主要特征（如显而易见且易于识别的特征）就足以将一个组与另一个组区分开来，换句话说，就是"判断特征"（diagnostic peculiarities）。但是，如果我们有更加科学的目的，那么就需要更好更全面的定义——我们需要研究所有的特征，要注意与研究对象所包含的和方法的逻辑所要求的所有细节。第一种定义确实是相当重要的，应该被重视，而且也应该出现在植物学和动物学的教科书中。这并不难实现，而且由于老师和学生都会使用，所以被忽视或处理不当的风险很小。但是实现第二种定义是一个不小的难题，因为它要求定义者既拥有逻辑学家的细致，也拥有相关专家的知识，所以结果往往不那么令人满意。

下面我们就把注意力集中在第二种定义上，看看这个过程都遵循哪些原则，也看看面对这些困难，究竟我们能够做出怎样的应对。

1.已经说过，定义与生物的特征（character）有关。而"特征"这个词，即使在生物学中，也不是那么的明确。它可能代表一个组的单一识别特征——如毛茛植物花瓣上的基底腺体，石蚕叶婆婆纳茎上的一对相对的茸毛线，或纤毛虫纲动物的收缩腔，或象鼻，或双峰驼背上的驼峰。它也可能表示着一个组所拥有的很多特征，这些特征我们都要考虑，以便充分理解。如双子叶植物类的五个特征［两片子叶、外生芽、外源性生长（木材的年轮、可分离的树皮和没有维管束的木髓都是由这种特征产生）、网状脉络、四元或五元对称］或哺乳动物类的四个定义特征（两个枕骨髁，基枕骨完全骨化；下颌骨的每个支由一块骨头组成，并与头骨的鳞骨铰接；乳腺；无核红细胞）。也许这个词的双重用途在实践中不会带来什么不便，但是为了避免歧义，我们可以用"标志"（mark）来表示所有区别性特征（我们应该说"a class-mark""a generic-mark""a specific-mark"等，而不是"a class-character""a generic-character""a specific-character"等），而特征将用于表示标志中任意一个元素，准确地说，所有特征的总和就是标志。

但一个更重要的问题出现——在一组生物中，什么样的特征是不可或缺的？是组中每个成员都拥有的特征吗？还是大多数成员共有的普遍特征，尽管不是所有成员都有？毫无疑问，如果能做到的话，我们很想把全体特征和普遍特征区分开来。但不幸的是，这是不可行的。事实上，在许多种（species）和属（genera）中，确实存在全部个体共有的特征（这里它应该被毫不犹豫地采用），但是当我们涉及更高的等级——纲（class）和亚纲（sub-class）时，情况就发生了变化。我们从植物学开始说。在双子叶植物纲（dicotyledons）中没有一个特征是所有它包含的植物共有的。甚至"双子叶"（dicotyledonism）这个特征也在菟丝子属中出现了例外，菟丝子属是无子叶的植物（虽然在"隐花植物"这一概念出现之后就不这么叫了）。同样，叶子花属是单子叶植物，而针叶植物和其他裸子植物是多子叶植物。如果连"双子叶"这个特征都不能保证全体共有，就更别提其他特征了，因为目前不存在与它具有同等普遍性的特征了——生长方式以及叶脉变化不定，花卉的对称性也总是不一样。另一方面（以动物学为例），把动物分为脊椎动物和无脊椎动物也仅仅是依据普遍性特征划分的。某些无脊椎动物中有脊椎的原基，如文昌鱼或蛞蝓，它们是否属于脊椎动物是不确定的。因此，就不要再去寻找所有个体共有的特征了。无论多么不情愿，我们都必须接受普遍特征。然而，要注意一个特征可能很显著，并且可能被大量的动物或植物所共有，但这个庞大的数量可能也只是占总数的一小部分。

在这种情况下，我们就很有必要做到以下几个方面：（1）尽可能全面地对每个等级的特征进行描述；（2）当不能保证全部个体都共有一个特征时，或者当特征太多无法全部列举时，要说明其例外情况，提供典型的实例；（3）排除不相关的特征，即属于下一级的特征，以及在上一级中已经说过的特征；以给出两个对立的特征作为两种可能的形式出现的特征，例如，某一组植物的特征是叶子"分裂的或完整的"，或花"规则或不规则"，或"有或无"雄蕊，这很像是说男人的显著特征是"有胡子或没有胡子"。

而且，给出多种可能作为特征的这种做法或许也会遭到反对。因为，严格来说，"可能"并不是特征。既定事实也永远不会有可能性，换句话说，一个事物就是它自己，一个明确的东西，具有明确的品质和特点。只要它继续是那个东西，它就不是也不可能是别的东西。举例来说，说某一组植物有红色或白色或黄色的小花，并不是给它的一个肯定的描述，而是给我们几个选择。严格地说，这并不能成为它的特征。同样，当我们说瓣鳃纲动物（在动物中）的心脏由两个心耳和一个心室组成，或者一个心耳和一个心室组成，或者两个心耳和两个心室组成（形成两个不同的心脏），以及说腹足纲动物是单壳的或者多壳的，这些都不能作为它们的属性。但是，如果我们给出的可能性是详尽的，那么毫无疑问，我们确实可以从中获得一些有用的信息。因为虽然我们也许不能马上说出某个植物个体的花具体是什么颜色，但如果我们能够确定它是有限个可能之一——红色或白色或黄色，而不是蓝色或粉色或绿色，那么我们也能在一定程度上了解它。正如我们将瓣鳃纲动物的心脏的种类限制为三种，从而排除了心耳和心室的第四种可能的组合，如一个心耳和两个心室，这就相当于我们传递了一条非常明确的信息。或者当我们把腹足纲动物的外壳限制为单一壳或许多壳时，就排除了双壳的可能性，事实上这种形式的壳从未被发现过。因此，从这个意义上来说——如果我们可以详尽描述所有的可能性——我们就可以把它们列举出来，视为特征。但是如果不可以，或者如果我们给出的可能是相互对立的，我们就不能把它们当作特征，或者把它们当作定义的一部分。

现在我们回到我们提出的三点要求上，我会使用一些易懂的例子来尽可能清楚地表达我的观点。

首先，我们从植物学开始说起，并且等级不超过目。拿毛茛科植物（包括毛茛、飞燕草、乌头等）来说。应用我们的规则，则其特征如下：

"草本植物，带有辛辣的水状汁液（铁线莲属除外）；根生叶或互生叶（铁线莲属除外），无托叶（一些唐松草属植物除外）；覆瓦状萼片（铁线莲属除外），落叶性萼片（鸦跖花属、嚏根草属、芍药属除外），瓣状萼片（毛茛属除外）；覆瓦状花瓣（乌头属、翠雀属、耧头菜属、铁线莲属、银莲花属、唐松毛茛属、驴蹄草属、鸡爪草属、鹈鹕属、白毛茛属除外）；多雄蕊（鼠尾毛茛属除外）；花药纵向开裂；雌蕊顶生；胚珠倒生；心皮离生，众多（类叶升麻属除外），单房；瘦果，有小囊（黑种草属），浆果（类叶升麻属）；种子没有假种皮（带有小囊的除外）；单种子植物的种皮略带皮质，没有明显的种脊，多种子植物皮硬，种脊明显；胚小，在胚乳的底部。"

采用相同的方法，如果我们将其应用于毛茛族，我们会发现其区别于上级或者下级物种的族群标志：规则的花朵；绿色的萼片；有色花瓣；随着胚珠的上升而发育成为瘦果的心皮。

对于毛茛属，我们可以发现一些特征，既不同于族特征、目特征和群特征，也不同于种特征。它们是：茎中空；叶鞘在基部，被不同程度地分开（除了龙蒿属）；五片萼片，有时三片（如榕毛茛属）；五片花瓣，有时更多（如榕毛茛属），每个花瓣在基部或内表面附近有一个空心点（棉结或腺体），颜色为黄色，花瓣枝为白色或红色；心皮在头部的球形组织中。

在我所陈述的这些特征中，我做了如下三种尝试：（1）只包含了某个等级需要包含的等级标志；（2）包含的特征都是恰当、正确的；（3）通过陈述例外来表明了普遍性的程度。通过与其他著名的植物学权威的对比，上述方法的意义就体现出来了，它使我们看到其他权威在方法上的缺陷。这些缺陷正是我所尽力去避免的。无关的特征过去一直在出现，即使在最优秀的植物学研究工作中——这些特征不是没有说清楚某个等级所包含的特征，就是重复已经说过的更高等级的特征，或者以相互排他的可能性的形式出现。它们几乎没有尝试去表示普遍性，并且所列举的特征是不完善和不充分的。我们以乔治·边沁（George Bentham）和约瑟夫·道尔顿·胡克（Joseph Dalton Hooker）的《植物属志》（*Genera Plantarum*）为例，因为它是最典型的以及最好的可获取的资源。如果最好的还被发现是不足的，那么我们的观点就有充分的理由被重视。我们从毛茛族开始，它的定义是："萼片覆瓦状排列；单胚珠心皮；胚珠直立，有腹侧中缝；瘦果不裂；草本植物；叶根生或互生。"

现在首先要注意的是，这里的特征可以说是太多了，也可以说太少了。说它太少了是因为所列举的特征是不完整的，它没有提到花的规律性（这确实是一个族特征），或者萼片和花瓣的族特征；说它太多了，因为有些特征，已经被用为目特征了。我们现在来看毛茛目，它的特征是——"萼片覆瓦状，瘦果（当存在时）不裂，草质，叶根生或互生"。也就是说，至少有三个特征并不是族特征，而应该是目特征。此外，"不裂的瘦果"是一个同义反复的表达，因为瘦果这个词的意思是"单种子不裂的心皮"。

因此，从方法论的角度来说这个族的定义是非常错误的，它对于每个读者来说都是具有误导性的。

同时我们也会发现目特征本身也没有什么不同，这里同时犯了太多和太少两种错误，

其他一些特征，如群特征被认为是目特征，这使我们面临着矛盾的选择，而且一些特征（如"先天花药"）也经不起检验。

毛茛属和毛茛目即是如此。不仅它们的特征与族或其他等级的特征混杂在一起，而且有一些很明显的特征被忽略了。更严重的是，我们发现了不止一个荒唐的矛盾对立的例子。

但是，为了避免我的描述显得过于夸张，我们给边沁和胡克的属标志一些更充分的阐述。下面就是更详细的阐述，其中中括号里的是对其的纠正。

"萼片的落叶性（目特征），三至五片；花瓣最多可达十五片，有基底腺或基凹，有或无鳞片（对立的可能性，因此不能算特征），显著，偶尔也会不明显；不确定的心皮，单胚珠（族特征）；胚珠从腔室的下部上升（族特征）；瘦果是头状的或是穗状的，顶端呈尖形，具有短花柱，或是有更长的喙状花柱；一年生草本植物，或者有多年生的茎（目特征）；完整的或者残缺的叶子（对立的可能性），茎很少分裂；花（应该改为花瓣）为白色（仅在枝上），黄色或红色（花），顶生，单生或者具有圆锥花序；枝腋很少无柄；雄蕊比萼片或者花瓣更短，数量大（目特征），在小花种中数量却较小；瘦果呈扁平状或者近球形，光滑或者有多样的花纹，肋状，有褶皱或者多刺。"

仅仅看一眼这些特征就能看出它有多么不令人满意，以及它在各种方面都违背了定义方法的法则。我们在其中也发现了疏漏，例如它没有提及中空茎，我们也没有被告知花瓣的哪个表面有腺体。

　　《植物属志》的一大特点（从方法论的角度来讲）是它给出了例外情况。但是如果不是将例外情况视为不正常的形式，并且用小字表示，而是把它加入定义中去，则会更加有效。正如我们所提到的，这么做会更清晰和更令人满意地阐述其普遍程度。

　　《植物属志》的很多优点在胡克的《英国岛屿的学生植物群》（*The Student's Flora of the British Islands*）中也有所体现。但是不幸的是，一些缺陷也同样存在，而且还有一些很明显的其他缺点。不光是工作量比较小（考虑到它的对象，它不得不如此），同时它也没有像前者那样详尽描述基础特征和例外情况。例如，当我们考虑玄参目及其婆婆纳属时，根据我们的原则，玄参目标志应该如下：

　　"草本植物或者灌木；圆形的茎（除了玄参属、疗齿草属和犀牛属，它们是有棱角的）；花萼包围着果实（类似于唇形科），通常有五个齿或者五个部分，有时候更少；花冠合瓣，通常有两个唇皮，五片花瓣（但是也有四片的情况出现，如婆婆纳属），萌芽状态呈现叠瓦状；通常有四片雄蕊，婆婆纳有两个侧面的雄蕊，毛蕊花属则有五个，都插入在花冠管中；果实为蒴果，有两个腔室，每个腔室内有若干种子，中轴胎座，很少为浆果；种子富含肉质胚乳；花柱简单，通常为两裂柱头。"

　　但是如果我们来看胡克的表述，我们会发现：（1）没有提及茎特征的例外情况；（2）没有考虑到花萼有时候不是五瓣（如婆婆纳属）；（3）"雄蕊的数量通常是四片，很少的情况是两片或者五片，二强雄蕊，有或没有'rudimentary fifth'"这样的表述是无法让人满意的；（4）在对果实的描述中，开裂程度并不是目特征。

　　对于婆婆纳属，通常的定义应该是："木质的茎，很坚硬；叶子与茎相反，当花是单生或者是腋生的时候经常呈交替状，但是当花是总状花序时，叶对生；花很小，单生或腋生的；花萼有四部分，基本上相同，通常比花冠长；花冠呈螺旋状，有四个很深的裂缝，最低的部分最窄而上部则较宽，蓝色或者白色或者粉色或者花纹状；侧面有两个雄蕊；扁平的侧面荚（角度偏右）边缘裂开；种子并不大，虽然有些物种的较大但是其荚也较小，呈现卵形或者环形。"

《英国岛屿的学生植物群》的缺陷很相似：（1）重复使用目特征"草本或灌木"；（2）叶的特征不充分，如"下部或完全相反，很少轮生"，花的特征不充分，如"腋生或顶生总状花序，很少单生"；（3）花被定义为"通常是蓝色的，而不是黄色的"——这当然不适用于花，而仅仅适用于花冠；（4）关于花萼是"四个，很少是五个部分"，无论是在这里还是在随后的种类中，都没有给出任何五个部分的花萼的例子。

此外，关于受精过程它也没有提及。众所周知，受精过程形式多样，而且对于一组植物（甚至一株植物）可能受精过程就不止一种。因此，许多植物既能异花受精也能自花受精。紫罗兰是一个很好的例子，还有野芝麻属的抱茎蓼。然而这一事实在目前的教科书中很少被提及。我们也没有发现关于雄蕊和雌蕊相对而言成熟程度的内容，尽管它很大程度上可以表明花朵是否能够自花受精。同样我们也没有被告知成熟的花药是如何释放花粉的——例如，梅花草属的沼生苦苣菜，其五个花药依次贴在柱头的顶部，背对着柱头，并在远离柱头的一侧释放花粉颗粒，从而防止它们落在柱头上。这些确实是它们的特征，所以应该被考虑在内。

因此，分类植物学的缺陷是显而易见的，也是很值得注意的。一些类似的缺陷，虽然在某种程度上有所减轻，但也可以在分类动物学中找到。如果有必要的话，我可能给出例证，尤其是低等级的动物，因为它们的特征是不完整的，而且普遍和全体之间的区别没有严格划分，不相关的特征也没有被严格地排除，对立的可能性也是大量地存在。但是我觉得这是没有必要的，因为大家都不会质疑这个事实，在植物学中进行的批判在动物学中同样适用。

那么我们上面所说的内容的要点是什么呢？在进行生物学定义的时候，简单地说，要做到三点：首先，尽可能完整地列出特征；其次，要给出例外情况来说明其普遍程度；最后，要避免用对立的可能性作为特征，以及给出属于下级或上级的特征。迄今为止，无论是对于植物学还是动物学，分类学家不仅没有足够重视这些事情，反而还忽视了它们。因此，即使是最好的分类也并不能令人非常满意。

2.但这并不是全部，就方法而言，还有一些方面必须要讨论，它们绝不是不重要的。

我们已经知道了"语词命题"（verbal proposition）和"真实命题"（real proposition）之间的区别了，其价值在这里尤为显著。当谓词仅仅是描述主词中已经给出的内容时，就是语词命题；当通过谓词增加了主词之外的其他内容时，就是真实命题。例如，当我说"知识"是理性思维时，我只是简单地描述了知识这个词的含义；但是当我说"知识就是力量"时，就不仅仅是说知识这个概念了。知识和力量本身是两个完全不同的概念，把它们结合在一起相当于陈述了新的事实，给出了额外的信息。显然，语词命题简单地告诉我们某个事物是什么（命题的主词），而真实命题则进一步告诉我们一些关于那个事物的信息。严格来说，后者具有信息性，而前者不然。

现在，我们必须对生物标志做出类似的区分。有一部分标志是对所涉及群体的分析，因此属于语词命题；但是也有很多是信息性的，这两部分不应该混在一起。

为了解释清楚，我们回过头来看一看之前说过的生物标志。例如，毛茛目的标志只是其区别性特征的集合。但当我进一步说："这个目的植物更喜欢寒冷潮湿的气候；它的地理分布是如何如何的；包含非常多的种；叶子易挥发有腐蚀性和毒性的物质，有时会在根部；与罂粟碱、小檗碱等有一定的亲缘关系，与蔷薇科（单子叶植物）泽泻有一定的相似性；等等。"这些内容不是定义，它们应该被谨慎地从定义中分离出来。

同样地，关于玄参目，我可以说："它大约有1900个已知种，分布于所有的土地和每一种气候；味苦、辛辣，并具有宝贵的药用价值（例如毛地黄）。该目，尤其是其中那些拥有环状（二唇形）花冠的成员，很容易与唇形科植物混淆。但是唇形科除了通常有四边形的茎，还有一个四裂子房，每个裂片有一个直立的胚珠，雌蕊花柱，果实在宿萼的底部分成四个小的种子状坚果（如琉璃苣科）。该目也要与捕虫堇科区分开来，因为它们与唇形科植物也很相近。"

在最好的植物学著作中，语词谓词和真实谓词之间确实有明显的区别。例如，已经提到的《植物属志》或约翰·林德利（John Lindley）的《植物王国》（*Vegetable Kingdom*），或几乎任何主要的植物学权威著作。动物学著作也是如此——如赫胥黎（Thomas Henry Huxley）的《脊椎动物解剖学手册》（*Manual of me Anatomy of Vertebrated Animals*）和他的《无脊椎动物解剖学手册》（*Manual of me Anatomy of Invertebrated Animals*）。但是某些缺陷仍然是显而易见的，在这里提醒人们注意其中的一些缺陷可能并非不妥。

根据目前的用法，植物学中的信息性标志包括四点——地理分布、种数量、药用特性和亲缘关系，并且对于局部植物群，通常还包括生长地和开花时间。但是，难道没有其他的特性吗——如植物的生活史，它们易患的疾病，它们的经济用途等？难道这些不同样值得注意吗？

首先，拿生活史来说。这无疑是一个非常有趣和相当重要的问题。然而，在我们的分类植物学中，又在哪里能找到它呢？这种遗漏当然是很令人遗憾的，也是完全不可原谅的，尤其是当我们考虑到它对初学者的价值时。由于植物在达到成熟状态之前会经历不同的发育阶段，而且在许多情况下，处于早期生长阶段的植物与后来的同一种植物非常不同，很容易被学习者误认为完全属于不同的群体。一个很好的例子是白蜡树，它在生长过程中会长出三种不同的叶子。首先是地生双子叶，它们是皮质的和条状的——在形状、颜色和一致性上与其他植物完全不同，然后是简单的卵形锯齿叶，最后是羽状、卵形的锯齿叶。槭属植物（也被称为悬铃木属）也是如此。一开始叶子是双子叶的，光滑、带状且带有毛边。接下来变为圆锯齿状，具有皱纹，卵形或心形的叶子。最后变为带有五个明显裂片的圆齿锯齿叶。同样，还有奶蓟（水飞蓟）。一开始叶子是地生的有子叶，光滑、皮质、纹理清晰，但没有明显的乳斑，颜色浅绿色，形状倒卵形。后来叶子与上述细节完全相反。它们不是光滑的和皮质的，而是闪亮的、膜状的和多毛的；纹理并不显著，而且具有许多明显的乳斑；颜色是深绿色；卵形；叶子的边缘呈蜿蜒状，多刺。许多低等植物有机体也是如此。此外，转主寄生现象，如菟丝子，也要通过真实谓词进行阐述。寄生的特征为标志的一部分，它在地下发芽（非寄生）的事实将成为附加信息的一部分。

但是也应该注意植物的疾病。这不仅是为了定义完整，也是出于进一步的考虑。众所周知，植物界出现的疾病往往伴随着动物界的损失。目前有一个确定的事实是不同的植物群易患不同的疾病（真菌感染或其他）。例如，在婆婆纳属植物中，石蚕叶婆婆纳在旺季开始后（比如说在7月初），其生长明显停止，叶子和花到处可见，形成圆形（榛子状）羊毛球状，当打开时，会发现里面有许多朱红色的蛆虫——某种昆虫的幼虫。这对任何人来说都是显而易见的，然而我们没有在教科书中发现这一点。同样，某些植物（如繁缕鹿蹄草、欧洲三叶蕨）的叶子会受到真菌的攻击，还有橡树的五倍子和蓬子菜茎上的五倍子，这些都是可以观察到的特征，然而它们都没有出现在系统植物学家的群体标志中。

植物的经济用途和其他用途也是如此，但医药用途除外。虽然它们很有价值（如橡树），但它们通常会被忽略，而被其他不太重要的特征取代。

此外，有一个很重要的方面也被遗漏了，即关于植物生命的地质学方面的内容。事实上，除一些个别的情况，它不能算是主要特征。但是，如果地质学的内容能成功地区分任何特定的类、亚类、目或属（如裸子植物和石松科植物），就不应该被忽视。我并不是说植物学家要取代古生物学家，但是如果其目标是小中见大（multum in parvo）的话，那么除非他的阐述囊括所有的相关内容，并且对特殊的内容进行特殊的处理，否则实现不了"大"。"小"对他而言只是简洁的表述或精简的事实——这并不表示不好或不完整，而是不那么冗长罢了。

当我们把注意力从植物学转向动物学的时候，我们可以发现在处理真实谓词的时候，它们在某些方面形成了鲜明的对比，但与此同时在其他一些方面同样也有相应的不足和缺陷。

首先，拿生活史来说。在许多情况下，这一点在动物身上同样值得关注——尤其是在经历不同的发育阶段的动物身上（如蝴蝶、青蛙等），它们在每个阶段都有不同的生活。在这里胚胎学的研究更有作用。同样地，拿古生物学来讲，我们只能发现一些动物化石状态的存在（如菊石、三叶虫、笔石、大多数硬鳞鱼类、翼龙等），但它们的化石使我们能够填补动物界的空白；如果没有它们这些空白，将一直无法填补。而植物中几乎没有与此相对应的东西。同样，我们注意到亲缘关系在分类动物学中发挥了很大的作用。

经济用途和其他用途常常缺乏，地理分布也不是它最大的优点。即使是已经成功地被用来填补分类空白的古生物学信息（正如我们刚刚看到的），在阐述仍然活着的群体时也没有得到充分的考虑。但是，也许两个最大的遗漏与动物的习性和它们的智力发展有关。

首先来说习性。毫无疑问，这非常有趣和也有很大的实用价值，而且有大量的信息可以为我们所用。这里我不仅指达尔文和约翰·卢伯克爵士的研究，还指其他人对蜘蛛、鱼、鸟的许多观察，以及几乎所有我们现在掌握的关于动物分类方式的知识。例如，刺鱼是一种为产卵而筑巢的鱼；母螲蟷像家养母鸡孵出小鸡一样孵出小螲蟷；蜘蛛网与蜘蛛的生活方式密切相关。这些，以及所有类似的事实，应该出现在博物学者的真实谓词之中，并且要像语词谓词中的特征那样被谨慎对待。

但是另一个缺陷更令人意外，特别是考虑到最近的发现和研究。除了最高级的动物，其他动物的智力发展是没有被考虑在内的，而高级动物数量却非常少。然而，记忆和智力的萌芽无疑在低等动物中也能发现。对于较高级的动物，或许将心理特征阐述得更加细致会比较恰当——理性（以狡猾、睿智等为形式）、情感、意志、良知。研究智力特征并不用把事物推向极端，也不用夸大证明，它肯定会是一种进步。

这就是处理语词谓词的过程中几个主要缺陷。动物学家和植物学家在这些方面都没有做到完美，除非他们像矿物学家那样，使矿物的相关信息和所列举的矿物特征一样丰富。

3. 第三点要说的是关于特征的表达，既包括一些使分析更加明确的定义方式（如图、公式等可以直观地帮助理解的方法）和用于表示群体之间差异的方法（区别性定义在博物学中采取的形式）。

显而易见，如果在分类中不同群体都是独立的，如果各个群体的成员之间没有亲缘关系，如果与相同点相比它们的差异很小或没有，那么描述和介绍群体将是一件相对容易的事情。但是我们实际上发现，同一个群体的植物或动物在某些方面相同而在另一些方面不相同，并且有的群体之间非常接近，以至于我们有理由把它们联系在一起，但是在某些细节上又与其他没有任何关联的群体有惊人的相似之处。关于最后一个情况，很明显，没有一种单一的表述方法可以解决所有这类问题。有时，在列举相似之处后，我们可能会画出一张表格来表示它们之间的差异，从而以对比的形式解决问题。同样，在某些群体中，有必要针对特殊问题进行特殊处理。但常常我们所能做的就是——指出不确定的相似性，并且根据等级的不同进行描述。

然而，当研究同一个等级内相似性和差异时，情况就不同了。此时有必要尽可能清楚地进行阐述，所有可用的方法都必须考虑。

两个很有用的方法是图表和公式。如果分类学家在阐述群体标志之前先给出图表和适当的公式，那么对于学生的理解是很有帮助的。图版和图片同样非常有用，尤其是在补充图表时。动物学家们非常欣赏它们的价值，前一代植物学家们（如林德利）也承认了这一点。但是，由于某种原因，现今的植物学家却忽略了它们，这当然是令人遗憾的。在植物学中，"分析关键"（analytical key）也有很大的价值——它不仅是诊断的工具，而且是展示亲缘关系的手段。但是到目前为止，最好的方法，也是最广泛使用的方法，是使用表格。通过这种方式，我们能够充分发挥相似性和差异性的价值，并把它们紧密地联系在一起，从而确保陈述的准确性，并在头脑中产生清晰而持久的印象。同时这也是一种避免重复的方法。

我可以以单子叶植物中的莎草科和禾本科来举例说明。问题是——我们如何表达它们，才能最好地展示它们的特征？我们把它们的相似性和差异放在一起，以表格的形式相互对比。特别地，我们需要改变字体类型，以便引人注目，并突出重点。因此，具体形式为：

相似性：小穗状的花；没有花被，或者被鳞片或刚毛代替；下位雄蕊，数量为三，很少为二；子房单生，一室，具两裂或三裂花柱，一胚珠；晶状体的胚芽。

差异性：

科类	茎	叶鞘	花	花柱	果实	胚芽
莎草科	实心的，茎节不明显	完整的，缺少叶舌	每个都在一片苞片的腋部	一般的树枝	果皮不附于种子	在胚乳底部的里面
禾本科	空心的，茎节明显	开裂的，有叶舌	每个被包在两个苞片中间	羽毛状的树枝	果皮附于种子	在胚乳底部的外面

接下来可以举一个关于动物的例子，它们是两种无脊椎动物——瓣鳃亚纲和（赫胥黎的）鳃腹足纲。它们的相似性为：身体被包裹在覆盖层中；有脚的动物；具有耳状心室的心脏；神经系统由三对主要神经节组成——脑、足、脏。将差异性用表格形式呈现出来为：

差异性：

刚类	壳	覆盖层	脚	头	消化道	呼吸	心脏
瓣鳃亚纲	只有双壳的	两叶，处于身体的左右两侧	无鳃盖	无头	肠神经弯曲	通过叶状鳃呼吸	两到三个心室，有三种组合方式
鳃腹足纲	没有双壳的，只有单壳的或多壳的	环绕身体	通常有鳃盖	有头，带有头眼	肠血管弯曲，舌突起	通过三种方式：羽状鳃；外套腔；皮肤	一个心房，一个心室，极少数为两个心室

我不需要再举个例子了。这种方法同样适用于种、属、科、目——实际上，只要你有一组类群并希望强调它们之间的差异。

很明显，只有当我们能够将相似点与差异完全分开时，该表才是完全有效的。然而，即使不能做到这一点，它有时也是有用的。例如，在三个群体中所有成员都有一些的共同点，但还有一些特征是其中某两个群体共有的，此时该表可能仍然是一个好的选择。例如，我们从毛茛属中选取三个种——球毛茛、顶枝毛茛、匍枝毛茛。这三种植物的共同点是：多年生草本植物；切叶很深，多毛；花梗和花萼多毛；花冠黄色，花瓣基部被鳞片覆盖；心皮无毛。这些特征必须要提到。但是，通过表格形式列出以下相同点和差异，可以做出有益的补充：

属类	球茎	茎	叶	花—梗	花萼
球毛茛	有	直立，无长匍茎	分成三个茎段	有棱角，毛较长且松	反卷的
顶枝毛茛	无	直立，无长匍茎	三个茎段始于同一点	纤细的圆柱形，覆盖茸毛	展开的
匍枝毛茛	无	匍匐接穗和生根接穗	三个茎段，中间的要比球毛茛的更长	有棱角，毛较长且松	展开的

有时我们会把一些群体放在一起，对一个单一的特征进行比较，此时仍然和之前的一样，只是要用两个平行列的形式表示出来。例如，比较隐花植物中的苔类和藓类，对它们的孢子囊进行比较，差异为：

苔类	藓类
1.藓帽位于孢子囊上	1.藓帽位于孢子囊茎的末端
2.有蒴盖	2.无蒴盖
3.无瓣膜	3.由四（或八）个瓣膜打开
4.有蒴齿	4.无蒴齿
5.只含有孢子	5.既含有孢子也含有弹孢丝
6.有中轴	6.无中轴

即使我们处理的不是一个单一的器官，只要对于每个器官它们的差异不是很大，那么它也是同样有效的。我们拿菊科植物和川续断科植物为例，对它们的花部和花药进行对比。

菊科植物	川续断科植物
1.花部被包在总苞里	1.花部未被包在总苞里
2.花药分散	2.花药合并

这些就是用表格来进行描述的方法。在一些情况下，它是非常实用的，而在其他情况下，它作为补充信息也是非常有用的。

术　语

下面我们来说科学术语的，它在处理种群特征方面也非常的重要。它包含了很多问题，不仅考虑到措辞的严谨性，还包括了诸如新名称的引入和形成、旧名称的淘汰、术语内涵的改变等问题。但是我们在这里考虑与定义相关的内容即可，这也就是说只需要遵守科学命名中最主要的三个规则就可以了。

1.第一个规则是：每一个独立或独特的事物都应有一个独特的名称，

在每一个学科领域里都要有足够丰富的术语来满足表达的需要。

因为博物学是不断发展的学科，人们也从未停下探索和研究世界的脚步，所以所使用术语也在随之进步。当一些有趣且吸引人的发现出现的时候，尤其是当它可能具有一些鉴别特征的时候，植物学家和动物学家总是能为其找到对应的术语。例如，当植物受精过程的研究受到了学者们的青睐的时候，根本不缺少途径去为各个受精过程找到合适的名字，所以"autogamy"（自花受精）和"allogamy"（异花受精）这两个名字就出现了。同样，依靠风来完成的受精过程被称为"anemophilous"（风媒传粉的），依靠昆虫的被称为"entomophilous"（虫媒的）。对于在同一异花受精的植物上出现自花受精的、小的、无颜色的花，其受精过程被称为"闭花受精"（cleistogamy）。还有一点很重要，那就是雄蕊和雌蕊是否同时成熟，当雄蕊先成熟，就被称为"proterandrous"；当雌蕊先成熟，就被称为"proterogynous"；若二者同时成熟，则被称为"dichogamous"。

研究表明，许多在不太准确的命名系统下被称为寄生的植物，都不是寄生的，寄生本身有形式和程度之分。因此，寄生、附生和腐生之间的区别就被引入了，从而丰富了语言，有助于表达的清晰和准确。

当植物学家发现植物界的病理学值得关注时，对植物畸形的研究能够将我们对植物生长过程和植物结构的认识提高到一个极好的程度——简而言之，当他们意识到畸形之于他们就像动物的异常和患病器官之于生理学家，或者患病的神经功能之于心理学家一样——人们已经感觉到有必要为这项特殊的研究取一个与众不同的名字，而这种需要似乎是由阿萨·格雷教授的"teratology"一词满足的。

我根本不需要详述植物语言的丰富性，因为它可以表达植物的各种结构和器官——就像我们发现与厚壁组织相结合的术语可以应用于植物组织时（薄壁组织、薄壁组织、前室组织、血管室组织、胸膜室组织、管室组织、桉树脑组织等），或者我们发现命名果皮时有这样一系列独特的词（果皮、外果皮、中果皮、内果皮、半果皮等）这里当然不会有缺乏，而是过剩。

然而，植物学术语也有其缺陷。在必须考虑一些细微且看似不重要的差异时，它往往会不那么恰当；在表示种群特征的时候，也会有名称匮乏的情况出现。例如，花中有相当多的雄蕊附属物，而且这些附属物目前的名称也相当多；但是，提到其中几个没有明确用名称表示的结构并不难。同样，"nectary"也被用于各种各样的情况，而在这些情况下，肯定应该创造出来其他词汇。还有，在处理心皮结合模式时，术语也是不够的。但是，也许最明显的不足就是描述颜色和形式了。

首先来说形式。尽管这些术语乍看起来似乎丰富，但当进行检验时，却发现远远不够。术语的两个主要来源：①有些术语来源于常见的物体［如由"cross（十字），strap（带子），helmet（头盔），lip（嘴唇）"等词产生的"cruciform（十字形的），ligulate（带状的），galeate（盔形的），labiate（唇形的）"等］；②一个属或一个目的典型形式（如蔷薇科、百合科、兰科等）。其中的问题非常明显。因为，在前一种情况下，人们理所当然地认为命名对象总是一个唯一的形状；而事实是，在大多数情况下，形状是多样的。

例如十字架、带子、托盘——它们都不是唯一的，有许多种十字架、许多不同形式的带子、若干种托盘等。关于名字的第二个来源，它基于属或目的形式是统一的和恒定的假定。当然，事实却并非如此。

因此，这里是植物命名需要改革的一个领域。当我们想起矿物学在命名形式方面所做的工作，以及非科学工作者在需求的压力下所完成的相关工作时，我们会发现改革也不是不能完成的。

同样，对于颜色的命名也不太理想，这方面往往具有很大的不确定性。但是这种困难并不是完全不可克服的，颜色的深浅可能会比通常情况下更加细微地区别开来，植物学家至少可以避免混淆诸如红色和紫色、橙色、柠檬和黄色、淡紫色和蓝色等明显的区别！

但动物学中的情况就不一样了，所有植物命名系统所要求的完整性在动物中都能找到相对应的部分，而其缺陷在这里却常常不存在。

确实，几乎所有的动物学分类都有独特的专业术语，无论是多么强大的动物或是多么微小的动物都是如此。我们把那些表示动物起源的词拿过来，想要达到这个目的是足够了——"biogenesis""abiogenesis""epigenesis""parthenogenesis""pangenesis""gamogenesis""agamogenesis"等。或者是这样的词"zoöid"。这个词是"复合有机物"的通名，无论它们是出芽生殖还是裂体生殖，无论它们是游离的个体还是与依附于其他个体都可以由这个词表示。但是，当它是珊瑚虫纲生物（actinozoön），我们称之"珊瑚虫"（polype），当它是外肛亚纲生物（polyzoön），就叫"个虫"（polypide），当它是水螅纲生物，就叫"水螅型珊瑚虫"（polypite）。同样，表示结构的词"杯型"或者"钟形"同样可以进行命名。但是，同样有着杯型结构的珊瑚虫纲生物和外肛亚纲生物却有着不同的命名，一个称为"calice"，另一个称为"hydrotheca"。毫无疑问，几乎所有不同纲的动物都有着自己独特的命名，而且在有发现的时候也会及时引入对应的新术语，这无疑是我们应该做到的。在科学研究中我们有必要观察细致，谨慎区分，但同时也有必要将不同物种的差异用合适的术语表示出来。

2. 反过来说，如果每一个事物都有自己独特的名字，那么每一个名字也应该有它独特的含义，这就是第二个的规则。

有两种常见的违反该规则的形式：①一个术语被用来表示一个广义的概念的同时，也用来表示一个狭义的概念；②一个词被用来表示不同的事物。

对于第一种情况，举个例子来讲，"adnate"（贴生的）这个词一般而言仅仅表示贴生，并不考虑贴生现象是属于花冠的还是花药的，还是雌蕊的。然而，它也被用来特指花药。还有"cell"（细胞），在植物学中，它有着一个一般的用法和两个特殊的用法。严格地来说，它是指植物的结构单元，但它也被表示花药和子房。如果用"sac""cavity"或者"loculus"这样的词表示就可以有效避免这一现象。类似的词"locellus"也是非常有用的。

对于动物也会有相同的情况发生，例如，"auricle"（心耳的）这个词，它有时仅仅指哺乳动物的心耳，但通常它也指其他动物的心耳。同样，"cell"（细胞）这个词最恰当的用法是我们都很熟悉的微观结构单元，但它还有个更为一般的用法，指"小室"，就像我们说"蜂房巢室"那样。

对于第二种情况，以"superior"（高级的）和"inferior"（次级的）为例。当花萼的管包围花药时，我们说花萼是高级的，此时它指的是包含关系；当花的一部分高于另外一个部分，我们说它是高级的，此时它指位置关系；当胚芽指向果实的顶点，我们说它是高级的，此时它指方向；当花离花轴较近，我们称它是高级的，此时它指距离关系。因此，上述情况最好用"高—低""里—外""上—下"等词来命名，如果仅仅用"superior"（高级的）和"inferior"（次级的）来统称它们，就会引起混淆和误解。

动物学也是如此。例如，"operculum"对于鱼类和单壳软体动物是两种完全不同的东西。同样，"nucleolus"一词既表示在细胞核内发现的微小固体物质，也表示在某些纤毛虫的所谓细胞核外发现的微小固体物质。而"细胞核"（nucleus）本身就有双重用途——首先是许多细胞包含的固体胚体，其次是某些原生动物体内发现的固体带状体。它在植物学中既用来表示细胞核，也用来表示增大的卵形胚珠和种子——两者完全不同。

3. 第三个规则是：避免术语过多，避免同义词的大量出现。

有时，同义词的存在有着历史价值，它们是历史的标志。但是在这种情况下它们仅仅是名字上的同义，其内涵完全不同。例如，植物学中的两种植物，显花植物（phanerogams）和隐花植物（cryptogams），其同义词为"cotyledoneæ"或"vasculares"和"acotyledoneæ"或"cellulares"。但不管从哪方面来说，它们都不是相同的。出于历史原因，"vasculares"和"cellulares"传达了独有的含义。同样，"exogens""endogens"和"acrogens"实际上也并不是"dicotyledons""monocotyledons"和"cryptogams"的同义词。它们无法正确传达事实，但除了这些缺陷之外，它们也有着偶发的含义，也因为这个得以保存。

动物学中的"infusoria"（纤毛虫）和"zoophytes"（植虫），或是居维叶提出的"mollusca"（软体动物）和"articulata"（关节动物）也是一样。确实，居维叶的术语要么有其历史价值，要么含义完全改变了。

当然也有内涵相同的同义词。在文学作品中，为了实现文学效果，往往只用简单易懂的撒克逊语是不够的，需要更多好听的希腊语、拉丁语和其他语种的词汇。但是由于科学的目的在于精确，所以我们没有必要追求文学效果，而且在本可以避免的情况下一直增加外语和合成词是一种罪恶。就比如说用"anthotaxy"和"inflorescence"来描述普通词"flowering"（开花），用"syngenesious"和"synantherous"来描述同一个对象"stamens"（雄蕊），用"loculi"和"thecæ"无差别地表示"花药腔"（the cavities of anthers）以及用"apocarpous"和"dialycarpous"来描述"雌蕊"（pistils），"foramen"和"micropyle"在描述"种子"（seed）的时候也没有区别。类似地，我们看到动物中的类似的情况我们会说什么呢？——"cutis""corium"和"derma"用来表示"真皮"（true skin），"cuticle"和"epidermis"用来表示表皮，"omphalos"和"umbilicus"用来表示肚脐，"spiracula""spiracles"和"stigmata"用来表示某些昆虫的气管开孔。毫无疑问，这些以及类似的同义词是最令人反感的。用两个及以上的词表示相同的对象对于初学者而言，完全是一种负担，对于其他人也没有什么益处。博物学家们根本就不需要它们，因为在做了这么多不得不做的艰苦的技术性工作之后，他们一定不会想让这些本来就不怎么吸引人的东西变得更加没有吸引力了。

上述内容就是指导我们创造生物学术语的三个规则，它们应该指导生物术语的形成和应用。无论从科学的角度来看还是从逻辑的角度来看，它们都是很重要的。但是分类学家们好像并没有严格遵守这些规则，因此，分类学工作仍然有进步的空间，对定义标志的处理方法也有待于进一步的提高。

后 记

在做博士论文期间，导师翟锦程教授就督促我找到章士钊在英国留学所接受的逻辑教育资料，但找寻工作一直没有进展。直到毕业后，在2017年通过邮件联系到了阿伯丁大学的玛丽，她花费了大量时间和精力翻阅了档案馆原始资料。至此，查询到了章士钊所在的 MSU9 班级出勤登记表及任课教师，终于搞清楚了他学习的逻辑课程。据此得知章士钊是学习的《定义的逻辑》这本教程。在此向玛丽表示由衷的感谢。

接下来又辗转在美国买到了这本《定义的逻辑》和另一本介绍斯多葛学派思想的《斯多葛派信条》。一入手便爱不释手，通过深入阅读发现这是告诉人们什么是正确的定义、如何进行定义的书，也是一本把人们的目光从哲学争论转向关于语言的思考的书。我便萌生了把它翻译成中文的念头，在得到我导师同意之后便开始了翻译工作，在2020年的疫情期间终于完成。

感谢武汉大学桂起权先生的巨大帮助，他八十岁的高龄还一直给我鼓励和指导，仔细给我讲授学术术语和翻译的技巧等。

本书第五章、第十章以及校对工作由南京大学博士研究生谢昊岩完成。

囿于水平，本书存在的不足与疏漏在所难免，敬请学界大方之家多多批评指正，以帮助我们能做得更好。我们将把大家的支持、鼓励和批评化为以后工作的动力。